Antonio Carlos da Fonseca Bragança Pinheiro
Marcos Crivelaro

Gráficos e Escalas
Técnicas de Representação de Objetos e de Funções Matemáticas

1ª Edição

Dados Internacionais de Catalogação na Publicação (CIP)
(Câmara Brasileira do Livro, SP, Brasil)

Pinheiro, Antonio Carlos da Fonseca Bragança
Gráficos e escalas : técnicas de representação de objetos e funções matemáticas / Antonio Carlos da Fonseca Bragança Pinheiro, Marcos Crivelaro. -- 1. ed. -- São Paulo : Érica, 2014.

Bibliografia
ISBN 978-85-365-0881-8

1. Cartografia   2. Cartografia - Métodos gráficos   3. Gráficos - Construções   4. Gráficos estatísticos   I. Crivelaro, Marcos   II. Título

14-06961   CDD-526

Índices para catálogo sistemático:
1. Gráficos : Geografia matemática   526

Copyright © 2014 da Editora Érica Ltda.

Coordenação Editorial:	Rosana Arruda da Silva
Capa:	Maurício S. de França
Edição de Texto:	Beatriz M. Carneiro, Silvia Campos
Revisão de Texto:	Clara Diament
Produção Editorial:	Adriana Aguiar Santoro, Dalete Oliveira, Graziele Liborni, Laudemir Marinho dos Santos, Rosana Aparecida Alves dos Santos, Rosemeire Cavalheiro
Produção Digital:	Alline Bullara
Editoração:	MKX Editorial

Os Autores e a Editora acreditam que todas as informações aqui apresentadas estão corretas e podem ser utilizadas para qualquer fim legal. Entretanto, não existe qualquer garantia, explícita ou implícita, de que o uso de tais informações conduzirá sempre ao resultado desejado. Os nomes de sites e empresas, porventura mencionados, foram utilizados apenas para ilustrar os exemplos, não tendo vínculo nenhum com o livro, não garantindo a sua existência nem divulgação. Eventuais erratas estarão disponíveis para download no site da Editora Érica.

Conteúdo adaptado ao Novo Acordo Ortográfico da Língua Portuguesa, em execução desde 1º de janeiro de 2009.

A ilustração de capa e algumas imagens de miolo foram retiradas de <www.shutterstock.com>, empresa com a qual se mantém contrato ativo na data de publicação do livro. Outras foram obtidas da Coleção MasterClips/MasterPhotos© da IMSI, 100 Rowland Way, 3rd floor Novato, CA 94945, USA, e do CorelDRAW X5 e X6, Corel Gallery e Corel Corporation Samples. Copyright© 2013 Editora Érica, Corel Corporation e seus licenciadores. Todos os direitos reservados.

Todos os esforços foram feitos para creditar devidamente os detentores dos direitos das imagens utilizadas neste livro. Eventuais omissões de crédito e copyright não são intencionais e serão devidamente solucionadas nas próximas edições, bastando que seus proprietários contatem os editores.

Seu cadastro é muito importante para nós

Ao preencher e remeter a ficha de cadastro constante no site da Editora Érica, você passará a receber informações sobre nossos lançamentos em sua área de preferência.

Conhecendo melhor os leitores e suas preferências, vamos produzir títulos que atendam suas necessidades.

Contato com o editorial: editorial@editoraerica.com.br

Editora Érica Ltda. | Uma Empresa do Grupo Saraiva
Rua São Gil, 159 - Tatuapé
CEP: 03401-030 - São Paulo - SP
Fone: (11) 2295-3066 - Fax: (11) 2097-4060
www.editoraerica.com.br

Agradecimentos

Ao Instituto Federal de Educação, Ciência e Tecnologia de São Paulo (IFSP) – autarquia federal de ensino gratuito –, que, pelo exercício do magistério, nos permitiu a aquisição de experiência docente e a convivência com alunos do curso técnico de nível médio em Edificações.

Ao Centro Estadual de Educação Tecnológica Paula Souza (CEETEPS), que com as Escolas Técnicas Estaduais (ETEC) Getúlio Vargas, Guaracy Silveira e Martin Luther King – instituições paulistas de ensino gratuito –, nos possibilitaram aprimoramento profissional mediante a prática docente exercida no ensino técnico de nível médio em cursos de construção civil.

Ao corpo docente das instituições citadas pelo convívio repleto de alegria e troca de conhecimentos.

Às empresas do setor privado fornecedoras de materiais e prestadoras de serviços, que sempre colaboraram em palestras, minicursos e doações voluntárias.

Às instituições de ensino e pesquisa que nos permitiram a obtenção de titulação na graduação e no stricto sensu: Universidade Presbiteriana Mackenzie (UPM), Escola Politécnica da Universidade de São Paulo (EPUSP) e Instituto de Pesquisas Energéticas e Nucleares (Ipen-USP).

Sobre os autores

Antonio Carlos da Fonseca Bragança Pinheiro é bacharel em Engenharia Civil pelo Mackenzie e doutor em Engenharia Civil pela Escola Politécnica da Universidade de São Paulo (EPUSP). Na área de construção civil, foi chefe de departamento de projetos, gerente de engenharia e diretor técnico. Foi professor e diretor da Escola de Engenharia da Universidade Presbiteriana Mackenzie, foi diretor de campus, coordenador e docente na área de construção civil do Instituto Federal de São Paulo (IFSP). É docente da Faculdade de Tecnologia de São Paulo (Fatec-SP), da Universidade Cidade de São Paulo (Unicid) e da Universidade Cruzeiro do Sul (Unicsul).

Marcos Crivelaro é bacharel em Engenharia Civil pela Escola Politécnica da Universidade de São Paulo (EPUSP) e pós-doutor em Engenharia de Materiais pelo Instituto de Pesquisas Energéticas e Nucleares de São Paulo (Ipen-USP). Na área de construção civil, foi diretor de engenharia e planejamento de obras residenciais e comerciais de grande porte. É professor da área de construção civil do Instituto Federal de São Paulo (IFSP) e da Faculdade de Tecnologia de São Paulo (Fatec-SP). É pesquisador no curso de mestrado do Centro Paula Souza.

Sumário

Capítulo 1 – Representações de Objetos 9

1.1 Símbolos 10

1.2 Modelos físicos 17

1.3 Modelos matemáticos 20

1.4 Modelos gráficos 25

1.5 Desenhos livres 31

1.6 Desenhos técnicos 33

Agora é com você! 36

Capítulo 2 – Escalas de Representação de Objetos 37

2.1 Símbolos e escalas no cinema 37

2.2 Tipos de escalas 52

2.3 Escalímetros 54

Agora é com você! 56

Capítulo 3 – Representações Gráficas de Objetos 57

3.1 Tipos de linhas 57

    3.1.1 A arte de desenhar 61

    3.1.2 Tipos de linhas 69

3.2 Tipos de cotas 70

3.3 Tipos de perspectivas 73

    3.3.1 Perspectivas cônicas 74

    3.3.2 Perspectivas cilíndricas 76

3.4 Tipos de vistas 80

3.5 Tipos de cortes 82

Agora é com você! 84

Capítulo 4 – Sistemas de Coordenadas 85

4.1 Determinação da localização de pontos 85

    4.1.1 Sistema de localização unidimensional 86

    4.1.2 Sistema de localização bidimensional 87

    4.1.3 Sistema de localização tridimensional 88

4.2 Sistema de coordenadas retangulares 89

    4.2.1 Distância entre pontos no sistema de coordenadas retangulares 94

4.3 Sistema de coordenadas oblíquas 101

4.4 Sistema de coordenadas polares..101

4.5 Sistema de coordenadas cilíndricas..102

4.6 Sistema de coordenadas esféricas 103

Agora é com você!..104

Capítulo 5 – Construções de Gráficos 105

5.1 Conjuntos matemáticos 105

5.2 Funções matemáticas...109

5.3 Tipos de gráficos 114

5.4 Simbologia matemática...125

Agora é com você!..128

Capítulo 6 – Gráficos de Funções Transcendentais 129

6.1 Tipos de funções matemáticas 129

6.2 Gráficos de funções logarítmicas..131

6.3 Gráficos de funções exponenciais...133

6.4 Gráficos de funções trigonométricas...134

6.5 Gráficos de funções inversas 137

6.6 Gráficos de funções periódicas 140

Agora é com você!..142

Bibliografia 143

Apresentação

O livro *Gráficos e Escalas* é de fundamental importância para estudantes e profissionais que desejam realizar a representação de objetos por meio de desenhos projetivos, bem como elaborar gráficos gerais e representativos de funções matemáticas.

No Capítulo 1, Representações de Objetos, é apresentada a importância da comunicação para o homem e alguns tipos de comunicação não verbal. São apresentados os símbolos e sua composição para a construção de ícones. É também apresentada a importância dos modelos representativos, bem como são conceituados os modelos físicos, matemáticos e gráficos. São ainda apresentadas as expressões gráficas do desenho livre e do desenho técnico.

O Capítulo 2, Escalas de Representações de Objetos, apresenta a importância das escalas na representação de objetos em modelos físicos e em desenhos. Também são apresentados os tipos de escalas e o uso de escalímetros.

No Capítulo 3, Representações Gráficas de Objetos, é apresentada a importância das linhas e da arte de desenhar para a vida do homem. São apresentados os tipos de linhas e de cotas para desenho técnico. Também são apresentados os diversos tipos de representações de objetos, como os desenhos em perspectivas, tipos de vistas e de cortes em desenhos técnicos.

O Capítulo 4, Sistemas de Coordenadas, apresenta os sistemas de coordenadas. É apresentada a importância da localização de pontos nos espaços unidimensionais, bidimensionais e tridimensionais. É ainda apresentado o sistema de coordenadas retangulares, de coordenadas oblíquas e de coordenadas polares. Também são apresentados os sistemas de coordenadas cilíndricas e esféricas.

No Capítulo 5, Construções de Gráficos, são apresentados os conjuntos, a descrição de seus elementos componentes, propriedades, representação gráfica, tipos e operações. São apresentadas as características e tipos de funções matemáticas, bem como os gráficos das funções afins e quadráticas. Ainda é apresentada a simbologia matemática.

Finalmente, o Capítulo 6, Gráficos de Funções Transcendentais, apresenta os tipos de funções matemáticas, sua classificação e as características das funções algébricas e das funções transcendentais. Também são apresentados e exemplificados os gráficos das funções logarítmicas, exponenciais, trigonométricas, inversas e, finalmente, das funções periódicas.

Os autores

Representações de Objetos

Para começar

Este capítulo tem como objetivo apresentar a importância da comunicação para o homem e alguns tipos de comunicação não verbal. São apresentados os símbolos e sua composição para a construção de ícones. É, também, apresentada a importância dos modelos representativos, bem como são conceituados os modelos físicos, matemáticos e gráficos. São, ainda, apresentadas as expressões gráficas do desenho livre e do desenho técnico.

O homem por sua natureza é um ser social. Nessa condição, ele precisa comunicar-se com todos os seres com os quais convive. A comunicação é realizada através de seus sentidos (audição, olfato, paladar, tato e visão). A comunicação pode ser verbal (oral e escrita) e não verbal.

A comunicação é o ato de enviar e receber mensagens. A mensagem é relativa a um contexto e, em termos estruturais, o processo de comunicação é composto pelos elementos (Figura 1.1):

» **Emissor:** quem emite uma mensagem.

» **Receptor:** quem recebe a mensagem.

» **Contexto ou referente:** aquilo a que a mensagem se refere (informação, relatório etc.)

» **Mensagem:** é o conjunto de informações enviadas pelo emissor.

» **Código:** é o conjunto de signos e as regras de combinação com base nos quais a mensagem foi transmitida (palavras, símbolos, desenhos, sons etc.)

» Canal de comunicação: é o meio utilizado para enviar a mensagem (som no ar atmosférico, computador, papel e tinta etc.)

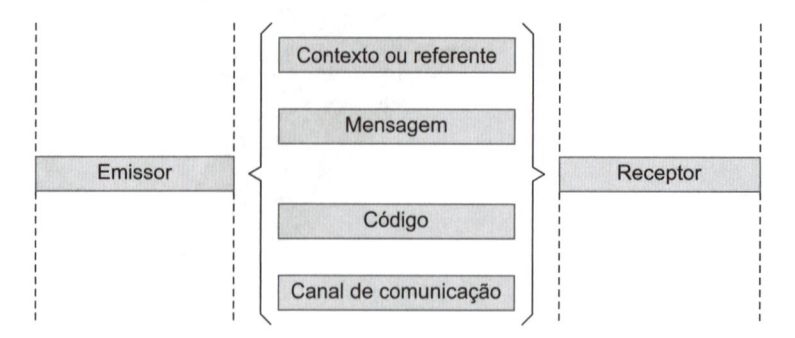

Figura 1.1 – Processo de comunicação.

Particularmente, na comunicação não verbal, a representação dos objetos pode ser feita através de símbolos, modelos físicos, modelos matemáticos e modelos gráficos.

1.1 Símbolos

Desde a origem do ser humano a comunicação não verbal era realizada por desenhos, que eram compostos por símbolos. Os símbolos na sua maioria eram rudimentares. Hoje, no século XXI, existe uma grande variedade de recursos gráficos, provenientes de tecnologias avançadas, que permitem uma infinidade de maneiras de nos expressarmos.

É importante destacar os ícones que estão presentes no nosso dia a dia, durante uma viagem, ou no toque de dedos de um celular. Ícone é uma representação visual de uma imagem composta de um ou mais símbolos gráficos. O ícone é um importante elemento de comunicação, pois com ele o conjunto de símbolos representa uma mensagem do emissor para o receptor.

A Figura 1.2 apresenta (a) animais através de suas silhuetas (formas dos contornos) e (b) ícones pertencentes à culinária. O homem das cavernas pintava figuras rupestres de animais sendo caçados. Uma vez caçados, nada melhor do que prepará-los para serem consumidos.

(a)   (b)

Figura 1.2 – (a) Símbolos de animais (b) Ícones de alimentação.

Também relacionado às primeiras atividades realizadas pelos nossos ancestrais estão o culto à religião e a expressão de louvor e de alegria através da música.

(a)

(b)

(c)

Figura 1.3 – (a) Símbolos religiosos (b) Símbolos musicais e (c) Partitura musical.

Muitas pessoas gostam de ouvir música, principalmente pelo celular. Mas, também, gostam de se comunicar em chats, ou de assistir filmes em aparelhos móveis. A Figura 1.4 ilustra essas duas situações. Em (a), palavras que simbolizam sons fortes e altos; em (b), desenhos que esboçam falas ou comentários.

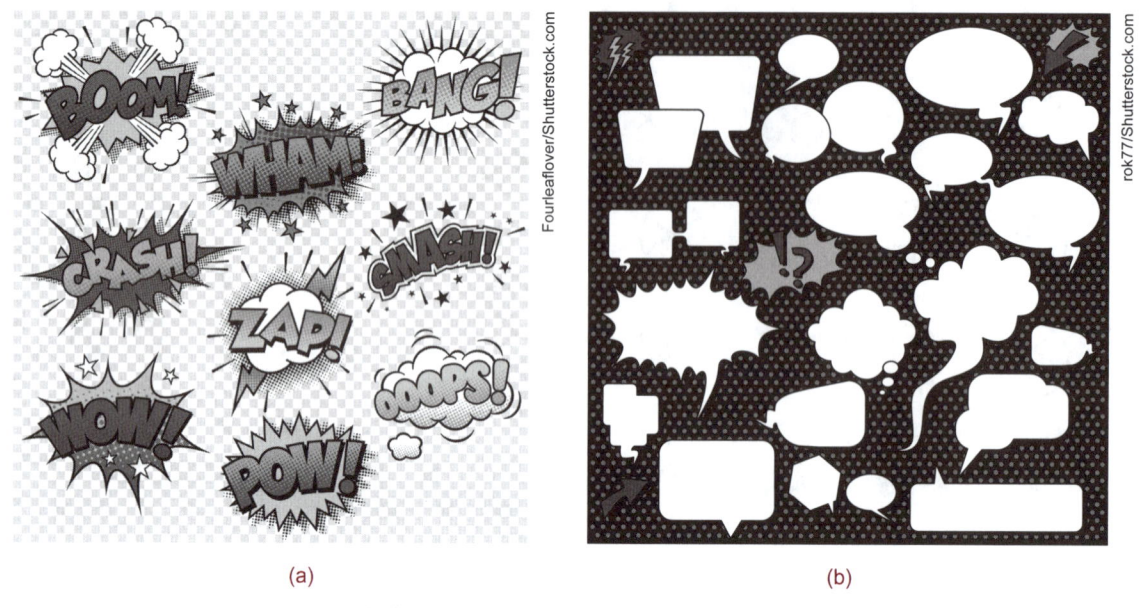

(a)　　　　　　　　　　　　　　　　(b)

Figura 1.4 – Símbolos de (a) palavras que simbolizam sons fortes e altos;
(b) desenhos que esboçam falas ou comentários.

A comunicação através do celular ocorre cada vez mais utilizando-se softwares que permitem escrever (comunicação verbal) e também inserir ícones (comunicação não verbal) que expressem o humor dos interlocutores.

O humor pode ser alterado com a presença de sol, de clima frio ou de chuva. Que tal uma música para animar? Ou assistir um filme? Ícones pertencentes a esses temas estão na Figura 1.6.

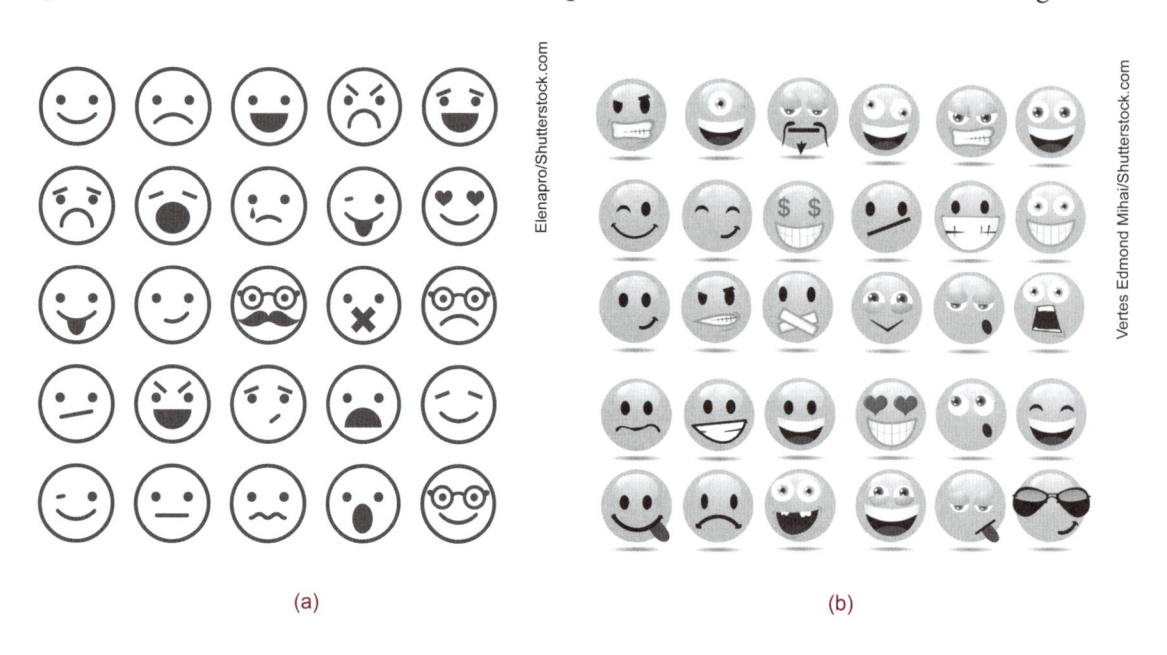

(a)　　　　　　　　　　　　　　　　(b)

(c)

Figura 1.5 – (a) Ícones em duas dimensões (b) Ícones em 3D e (c) Ícones de pessoas.

(a)   (b)

Figura 1.6 – (a) Ícones presentes nas telas de celulares e computadores para mostrar
as condições climáticas, (b) Ícones presentes nos softwares ligados a vídeo e música.

Equipamentos eletrônicos são movidos a energia elétrica oriunda de vários tipos de geração. Os símbolos da Figura 1.7 (a) apresentam as diversas fontes de energia e (b) pertencem às indústrias elétrica e eletrônica.

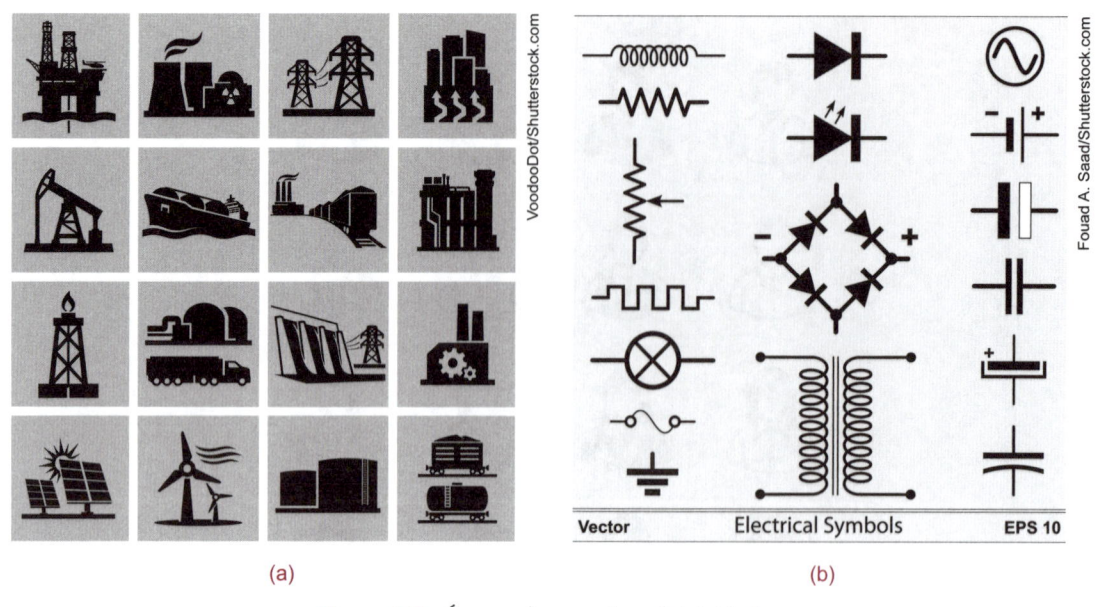

(a)   (b)

Figura 1.7 – Ícones de energia e eletricidade.

A locomoção de pedestres, veículos automotores, trens, aviões e navios orienta-se por mapas impressos ou virtuais. Para não causar confusão, é fundamental a existência de uma legenda onde exista a presença de ícones, veja a Figura 1.8.

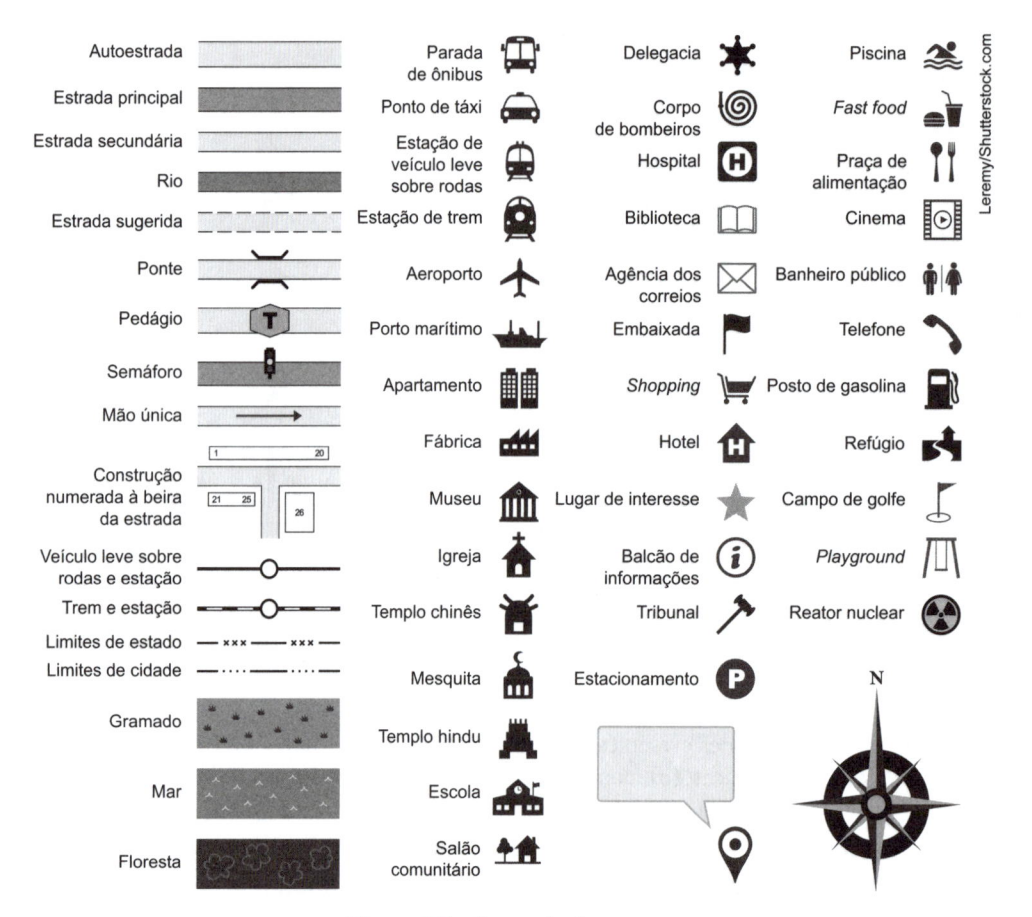

Figura 1.8 – Legenda de mapa.

Uma vez iniciada uma viagem, por exemplo, de carro, a observação da sinalização vertical nas rodovias é uma atitude de atenção e de segurança.

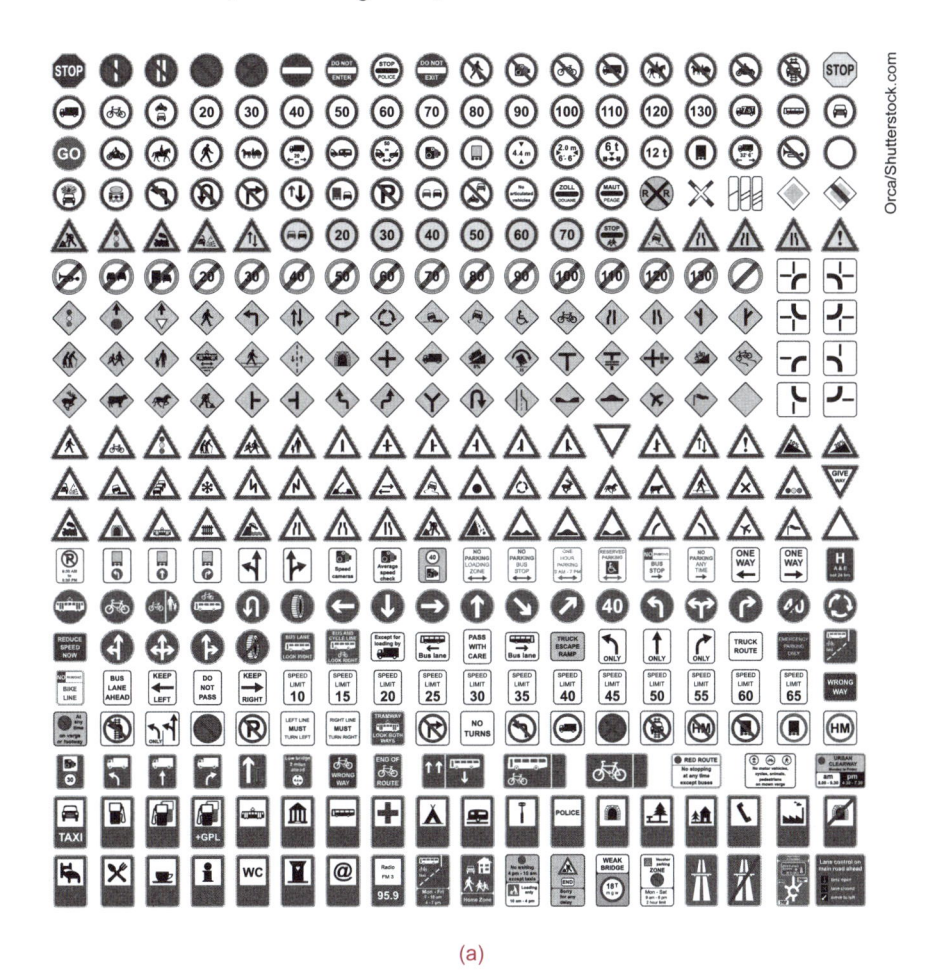

(a)

(b)

Figura 1.9 – (a) Sinalização viária vertical, (b) Sinalização de obras.

Durante a viagem, é comum realizarmos uma parada de descanso e para uso de sanitários, principalmente se a viagem ocorre em um país de língua estrangeira, é muito importante a comunicação visual.

Figura 1.10 – Ícones de viagem que orientam o viajante.

Durante a viagem muitas vezes é necessário lavar a roupa. Mas, cuidado, observe a etiqueta.

Gráficos e Escalas - Técnicas de Representação de Objetos e de Funções Matemáticas

Figura 1.11 – Símbolos relacionados aos cuidados na lavagem de roupas.

1.2 Modelos físicos

Na comunicação não verbal os modelos físicos são importantes para representar fenômenos físicos como dimensões (modelo geométrico) e forças (modelo dinâmico).

Conceitualmente, um modelo deve representar, ou interpretar simplificadamente algo real. Assim, para se estudar um determinado fenômeno complexo, pode ser necessário criar vários modelos que se complementem.

Todo modelo deve servir para a construção de algo real. O primeiro exemplar do produto de trabalho, ou padrão do que se quer construir, é denominado protótipo.

Os modelos físicos podem ser do mesmo tamanho do protótipo (mesma escala), serem menores que o protótipo (escala reduzida), serem maiores que o protótipo (escala ampliada) ou serem distorcidos (escalas distorcidas).

O modelo físico geométrico tem a intenção de representar as dimensões de um protótipo, como no caso de modelos que procuram representar as dimensões de itens mobiliários como mesas, cadeiras e camas (Figura 1.12).

(a)

Dr. Cloud/Shutterstock.com

(b)

fthes/Shutterstock.com

(c)

andrea crisante/Shutterstock.com

(d)

lasha/Shutterstock.com

Figura 1.12 – Modelos de cadeira: (a) Cadeira redonda; (b) Poltrona; (c) Cadeira clássica, (d) Cadeira de criança.

O modelo físico dinâmico procura representar as forças existentes em um protótipo, como no caso de modelos que representam aparelhos ventiladores. Este tipo de modelo é útil para a realização de ajustes (calibragens) de modelos matemáticos, principalmente para teste de segurança em veículos (Figura 1.13).

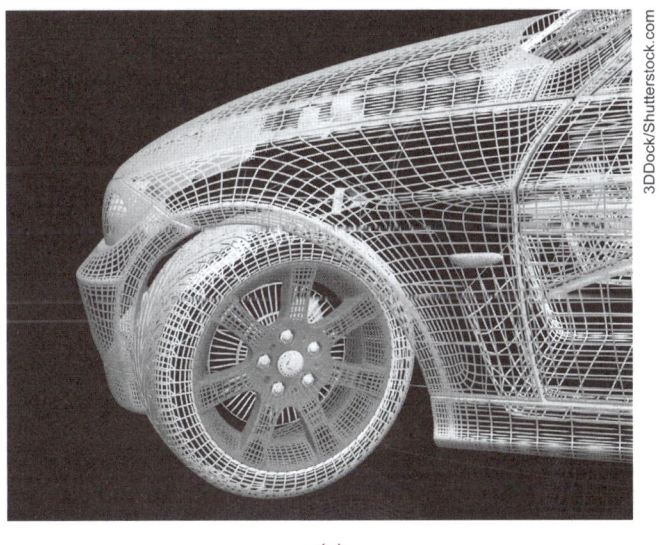

(a)

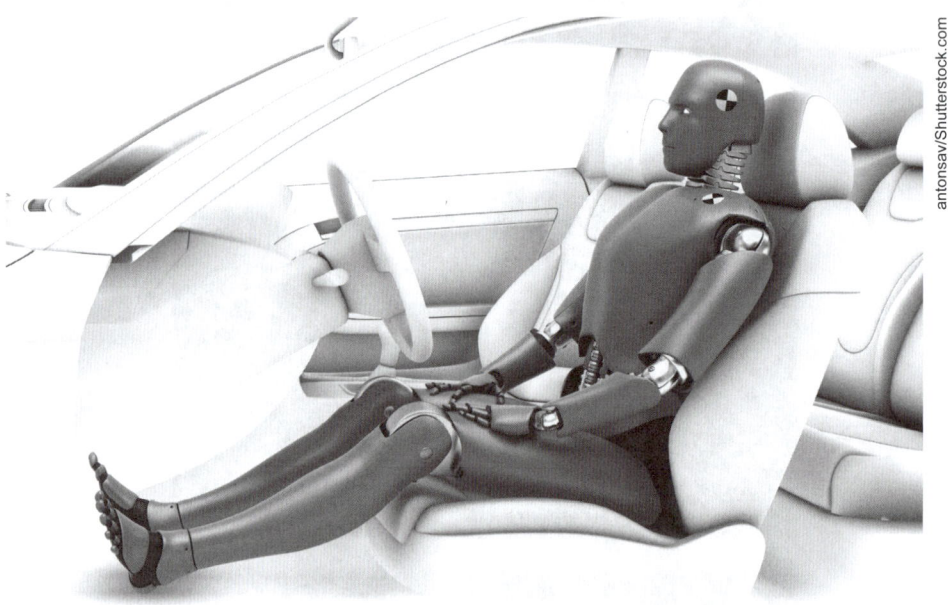

(b)

Figura 1.13 – (a) Automóvel em túnel de vento e (b) Teste de impacto de veículo.

1.3 Modelos matemáticos

Os modelos matemáticos procuram representar fenômenos através de equações matemáticas.

Os modelos matemáticos podem ser utilizados para representar fenômenos complexos. Nesse caso, geralmente utilizam hipóteses simplificadoras com o objetivo de eliminar algumas variáveis e facilitar sua modelagem.

Os modelos matemáticos podem ser unidimensionais, bidimensionais e tridimensionais.

Os modelos unidimensionais, ou modelos lineares, procuram representar fenômenos como deformações e tensões lineares. Esses modelos representam sistemas estruturais reticulados como barras isoladas, cabos, quadros e treliças.

No exemplo da Figura 1.14, o modelo matemático apresenta as barras da treliça distribuídas conforme a Tabela 1.1.

Tabela 1.1 – Localização e Comprimento de Barras da Treliça.

Barra	Nó Inicial	Nó Final	Comprimento
AF	(0;0)	(2;0)	$\sqrt{[(0-2)^2 + (0-0)^2]} = 2,00$ m
FB	(2;0)	(4;0)	$\sqrt{[(2-4)^2 + (0-0)^2]} = 2,00$ m
AC	(0;0)	(1;1)	$\sqrt{[(0-1)^2 + (0-1)^2]} = 1,41$ m
CD	(1;1)	(2;2)	$\sqrt{[(1-2)^2 + (1-2)^2]} = 1,41$ m
DE	(2;2)	(3;1)	$\sqrt{[(2-3)^2 + (2-1)^2]} = 1,41$ m
EB	(3;1)	(4;0)	$\sqrt{[(3-4)^2 + (1-0)^2]} = 1,41$ m
CF	(1;1)	(2;0)	$\sqrt{[(1-2)^2 + (1-0)^2]} = 1,41$ m
DF	(2;2)	(2;0)	$\sqrt{[(2-2)^2 + (2-0)^2]} = 2,00$ m
EF	(3;1)	(2;0)	$\sqrt{[(3-2)^2 + (1-0)^2]} = 1,41$ m

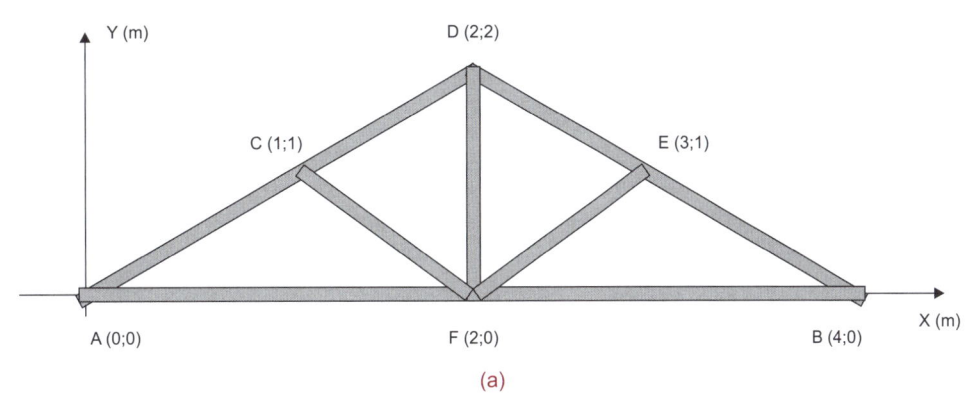

(a)

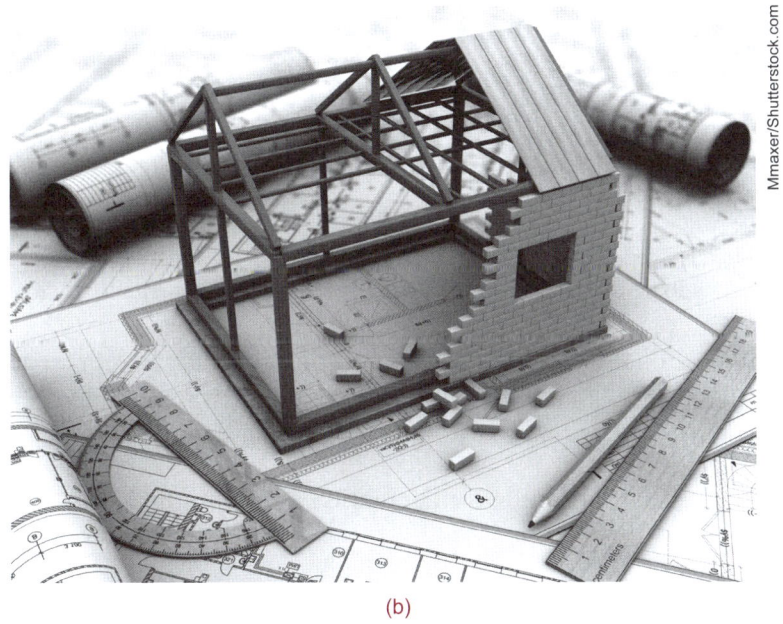

Mmaxer/Shutterstock.com

(b)

(c)

(d)

Figura 1.14 – Modelos de treliças: (a) Modelo de uma treliça; (b) Maquete da treliça; (c) Treliça de uma ponte no estado da Georgia, EUA; (d) Vista externa da ponte no estado da Georgia, EUA.

Os modelos bidimensionais, ou modelos de superfície, procuram representar áreas superficiais ou fenômenos como deformações e tensões bidimensionais. Esses modelos representam as folhas (lajes, cascas, placas) (Figura 1.15).

No exemplo da Figura 1.15, o modelo matemático apresenta uma superfície com área igual a 8,00 m² [4,00 m x 2,00 m].

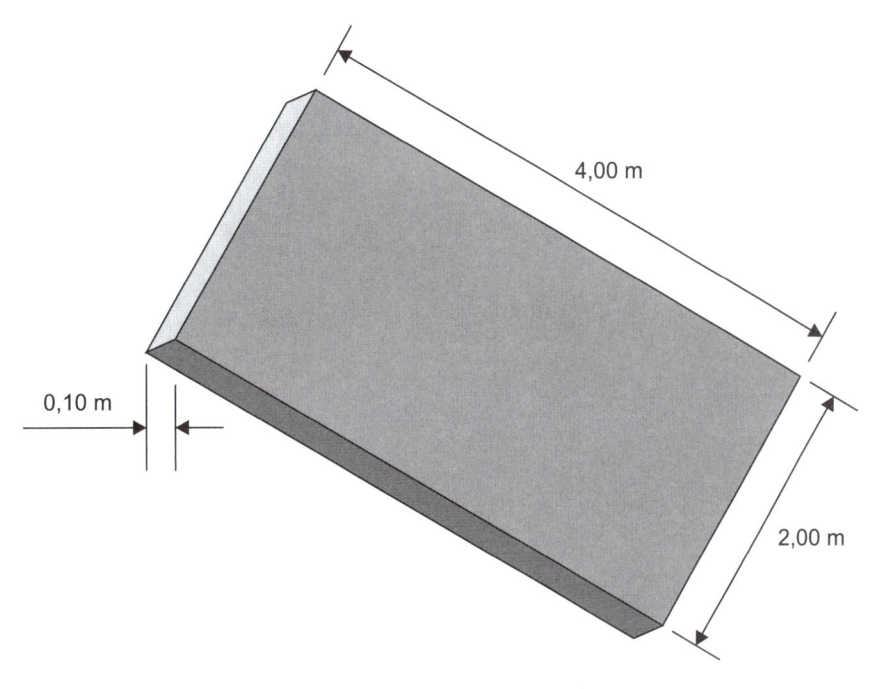

Figura 1.15 – Modelo de uma laje.

Os modelos tridimensionais, ou modelos volumétricos, procuram representar geometrias de protótipos e fenômenos como deformações e tensões tridimensionais. Esses modelos apresentam grande complexidade, necessitando de técnicas dedicadas para sua realização.

No exemplo da Figura 1.16(a), o modelo matemático apresenta uma peça com volume igual a aproximadamente 555,40 cm³ [6,0 cm x 8,0 cm x 10,0 cm + 6,0 cm x π x (4,0 cm)²/4].

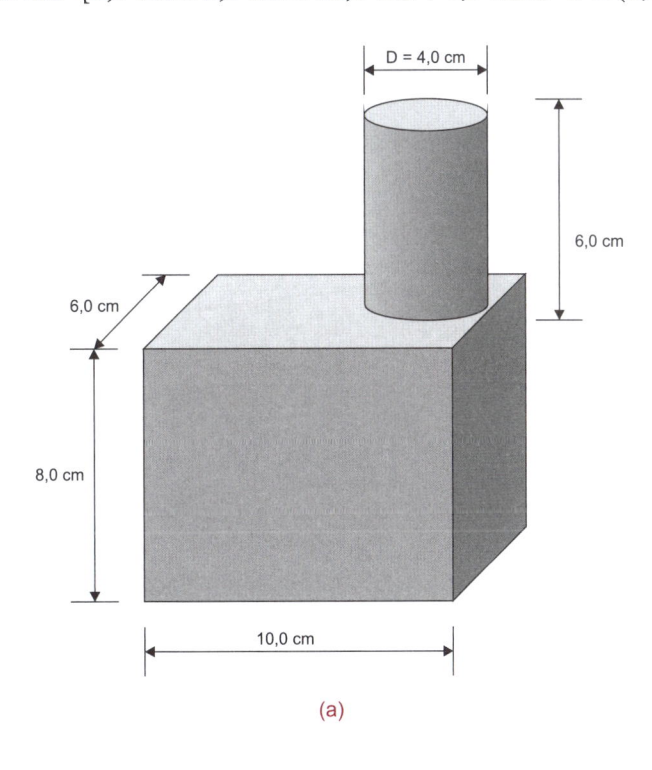

(a)

(b)

(c)

Figura 1.16 – Modelos tridimensionais: (a) Modelo de um bloco tridimensional; (b) Modelo tridimensional de uma refinaria; (c) Modelo tridimensional de um conjunto de prédios.

A solução do modelo matemático pode ser apresentada na forma de números como um resultado de uma operação algébrica, ou dispostos de forma ordenada em uma tabela, ou na forma de diagramas representativos, ou na forma de desenhos relacionados.

1.4 Modelos gráficos

Os modelos gráficos são representações ilustradas de informações. O objetivo de um modelo gráfico é simplificar as informações que se deseja transmitir.

Gráfico é uma representação de dados (informações) na forma de figuras geométricas que possam permitir sua interpretação.

Diagramas são gráficos de duas dimensões, cujo objetivo é demonstrar ou tentar explicar um fenômeno. Um diagrama deve esclarecer o relacionamento entre as partes componentes de um todo.

A Figura 1.17 é um diagrama que ilustra um mapa conceitual para a sequência de produção de um armário, apresentando o relacionamento que existe entre as etapas de sua execução.

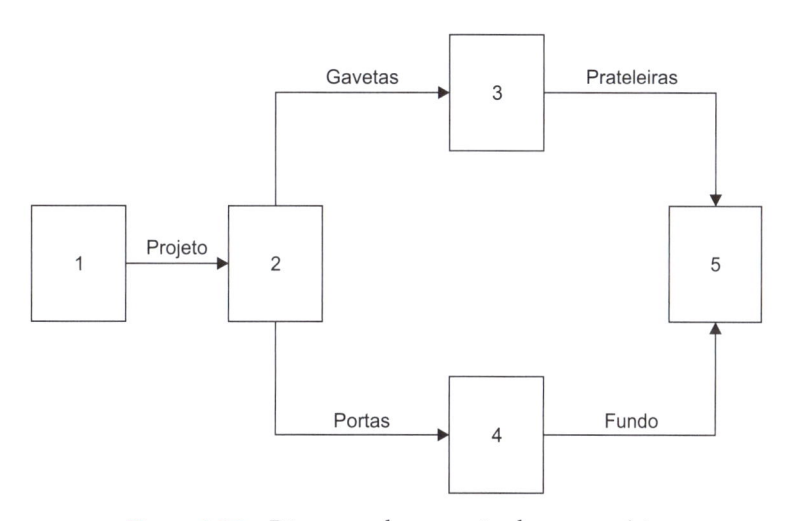

Figura 1.17 – Diagrama de execução de um armário.

A Figura 1.18 apresenta exemplo de gráfico de Colunas que compara três séries em quatro categorias.

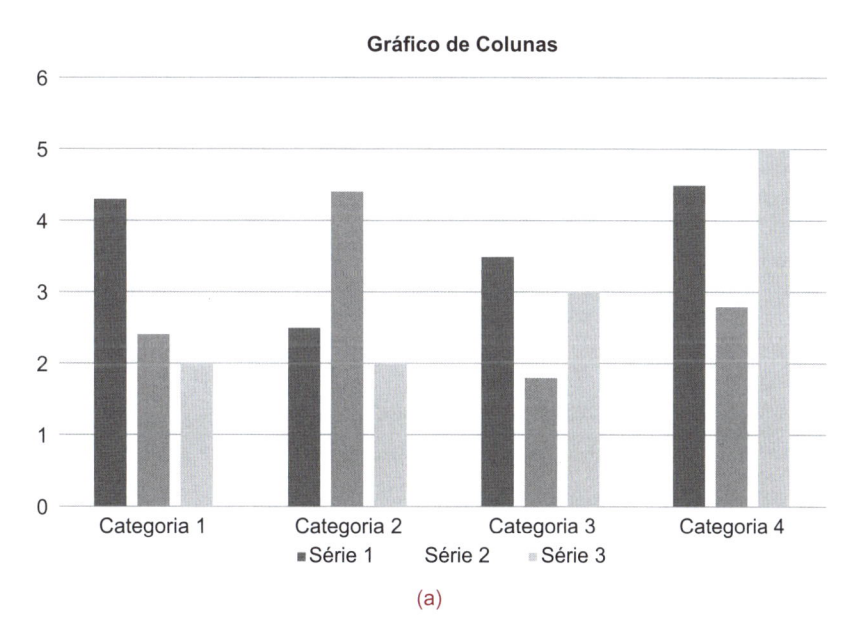

(a)

(b)

Figura 1.18 – Gráficos de colunas: (a) Gráfico de Coluna; (b) Gráfico de
Colunas simbólico, feito através do empilhamento de moedas.

A Figura 1.19 apresenta exemplo de gráfico de Linhas que compara três séries em quatro categorias.

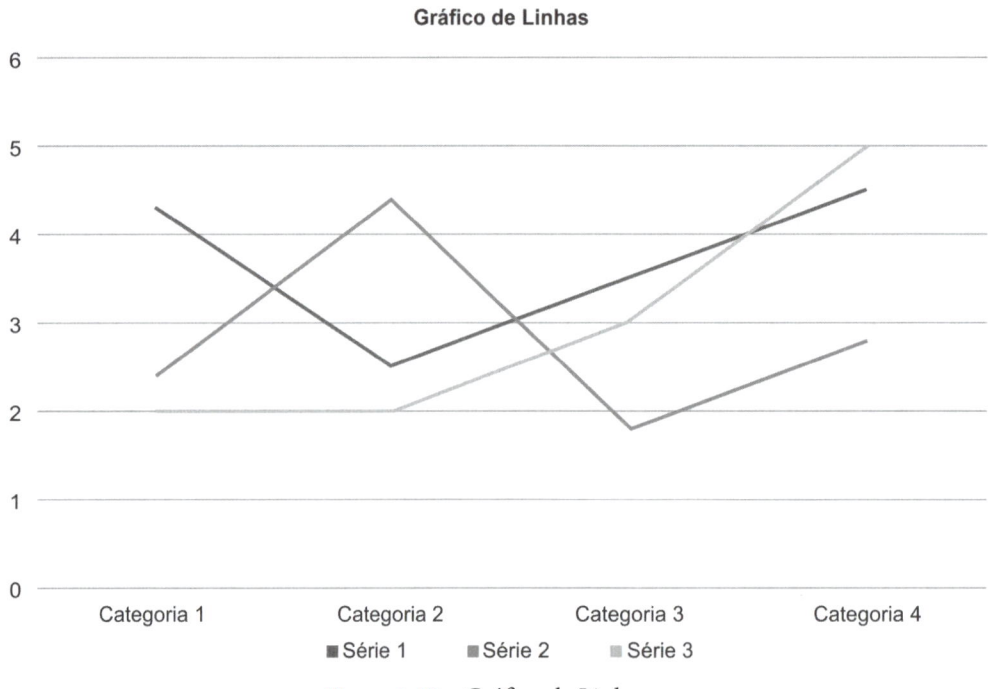

Figura 1.19 – Gráfico de Linhas.

A Figura 1.20 apresenta exemplo de gráfico de Setores, que compara quatro trimestres. Ele é popularmente chamado de gráfico de Pizza, em referência à semelhança de sua forma geométrica com a forma circular de uma pizza.

Gráfico de Pizza

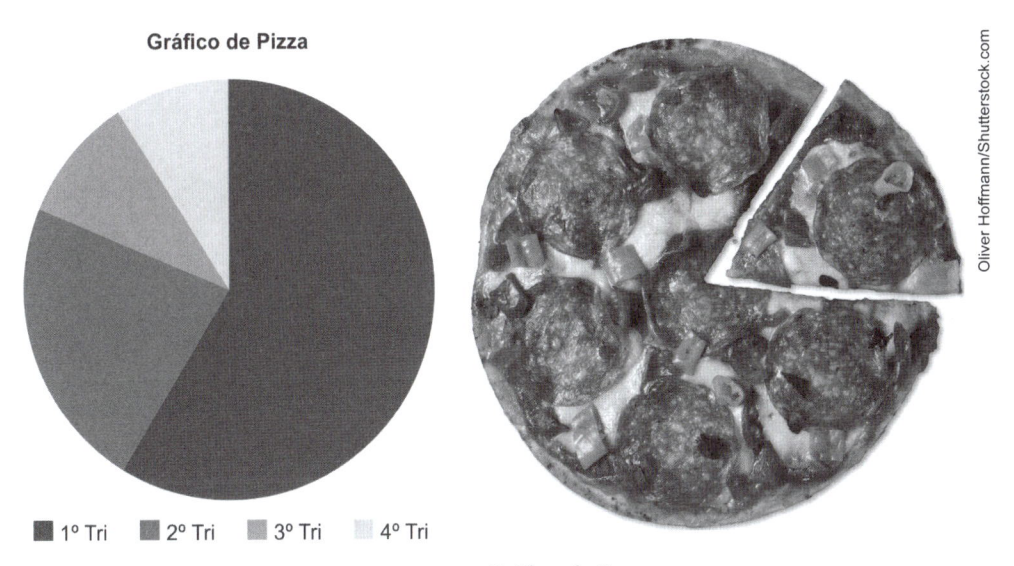

■ 1º Tri   ■ 2º Tri   ■ 3º Tri   ■ 4º Tri

Oliver Hoffmann/Shutterstock.com

Figura 1.20 – Gráfico de Setores.

A Figura 1.21 apresenta exemplo de gráfico de Barras que compara três séries em quatro categorias.

Gráfico de Barras

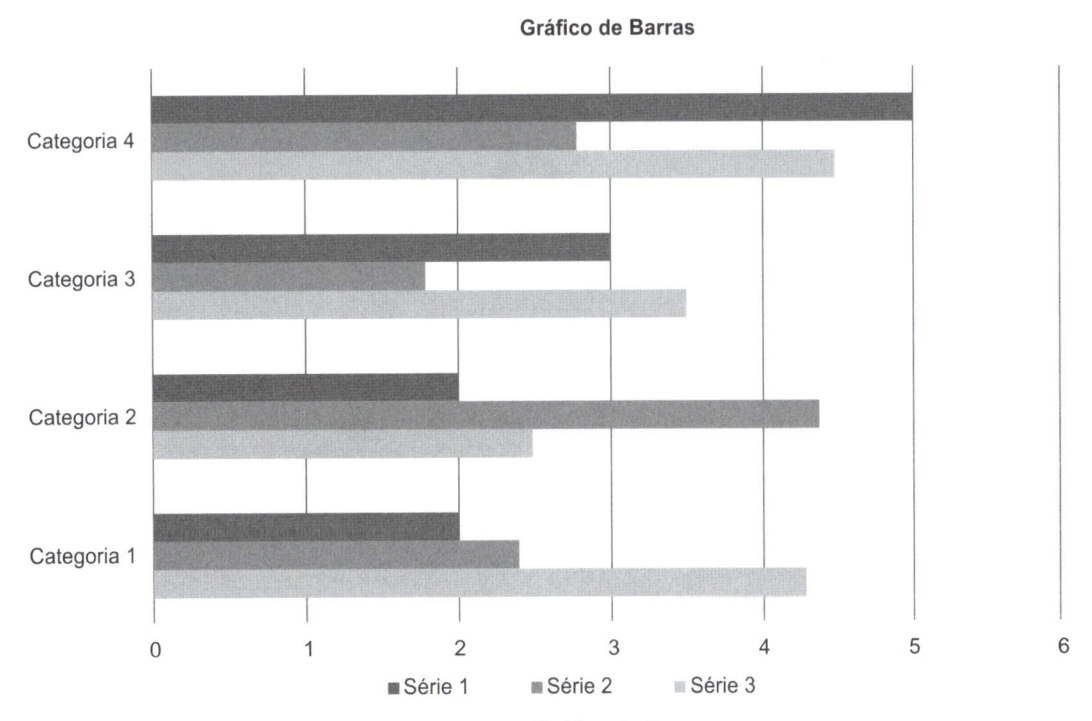

■ Série 1   ■ Série 2   ■ Série 3

Figura 1.21 – Gráfico de Barras.

A Figura 1.22 apresenta exemplo de gráfico de Áreas que compara duas séries.

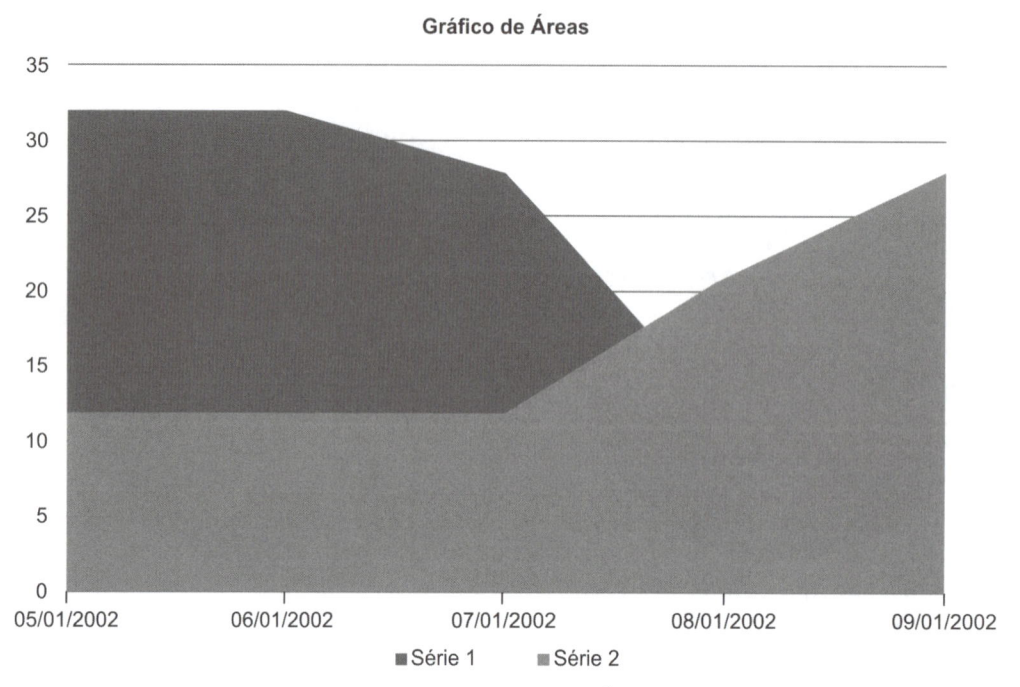

Figura 1.22 – Gráfico de Áreas.

A Figura 1.23 apresenta exemplo de gráfico de Dispersão.

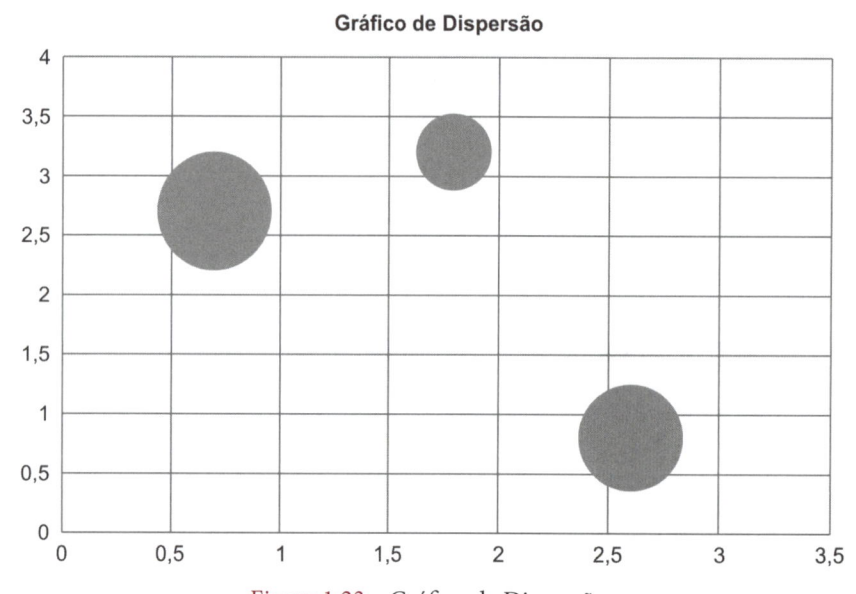

Figura 1.23 – Gráfico de Dispersão.

A Figura 1.24 apresenta exemplo de gráfico de Ações que compara três condições: alto, baixo e fechar.

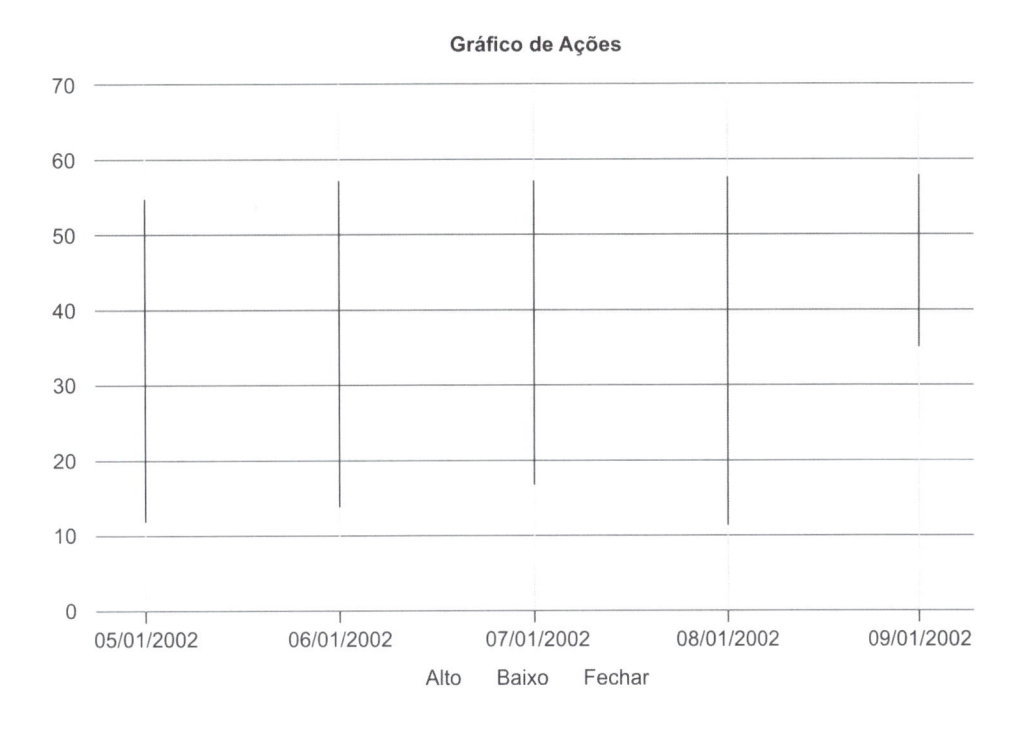

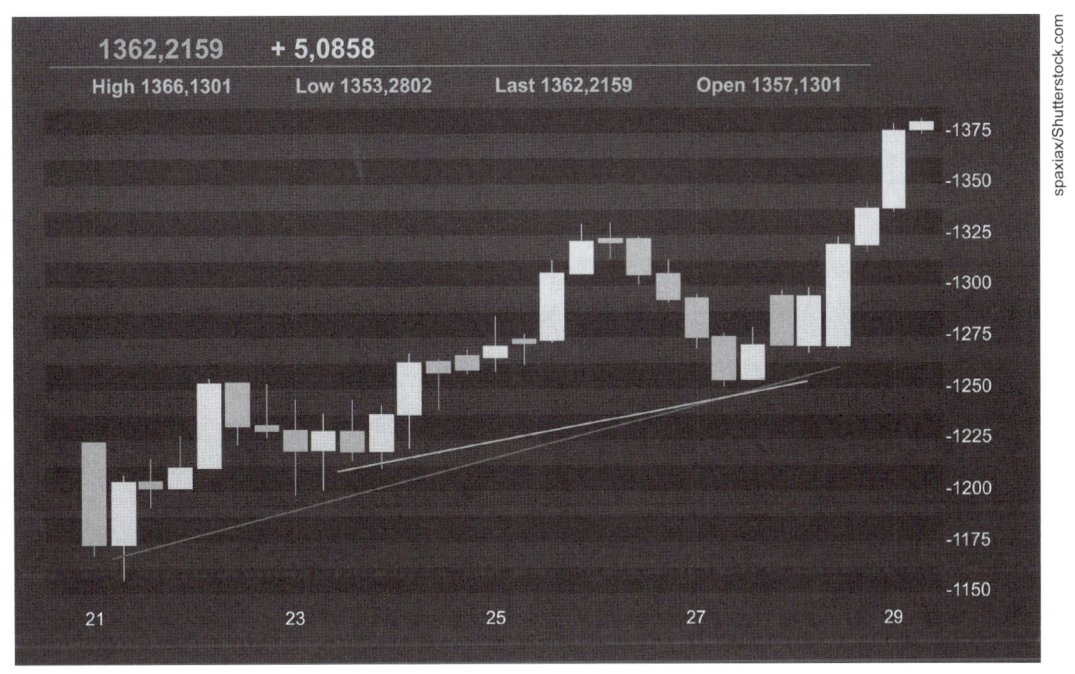

Figura 1.24 – Gráfico de Ações.

A Figura 1.25 apresenta exemplo de gráfico de Superfície que compara três séries em quatro categorias.

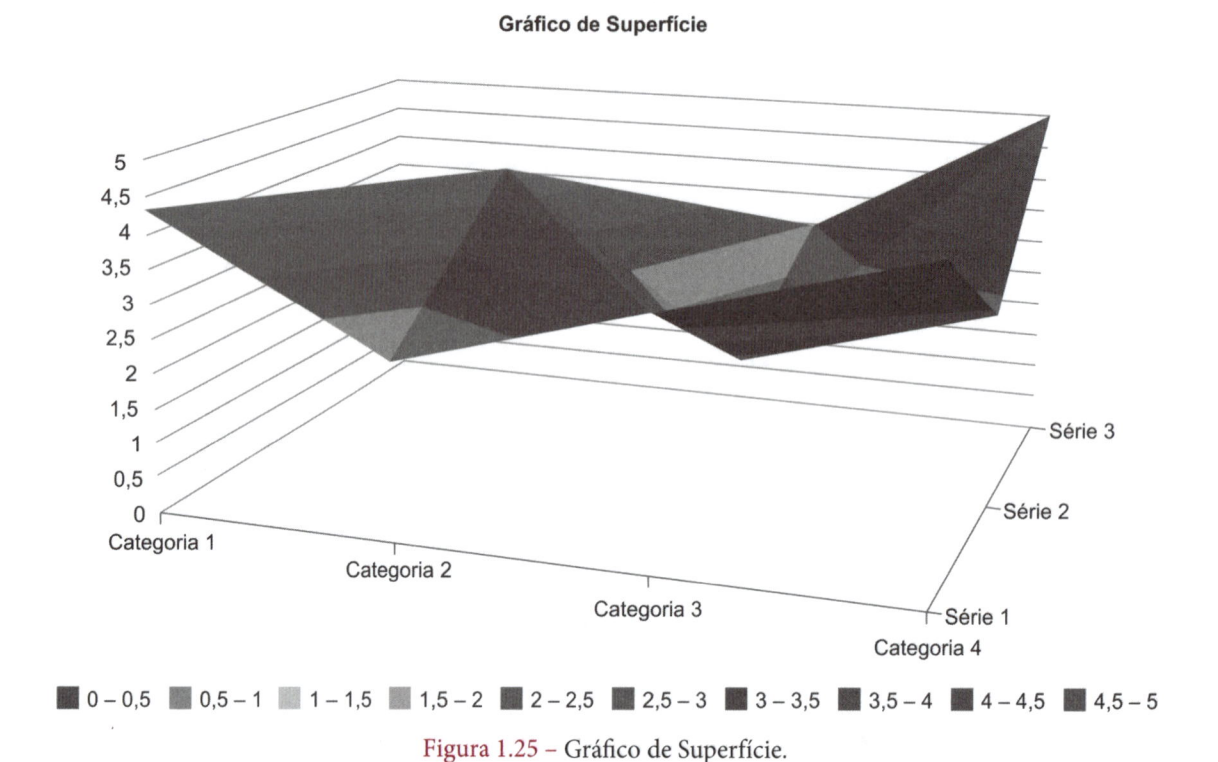

Figura 1.25 – Gráfico de Superfície.

A Figura 1.26 apresenta exemplo de gráfico de Radar que compara duas séries.

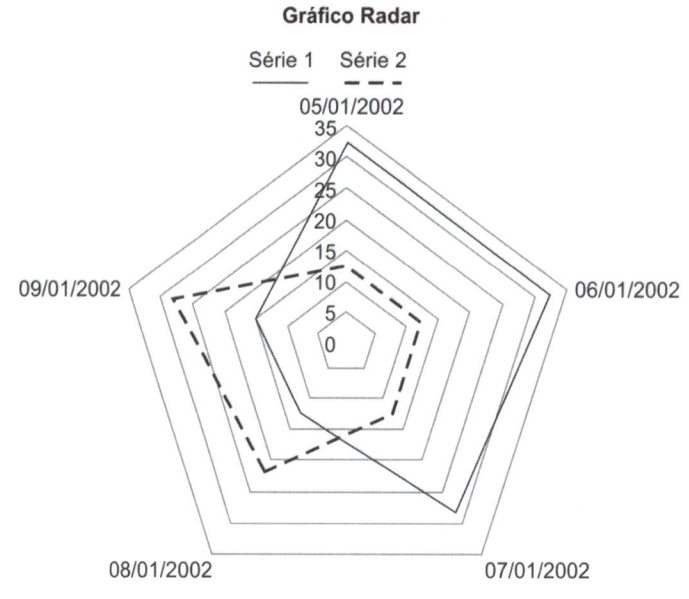

Figura 1.26 – Gráfico Radar.

Gráficos e Escalas - Técnicas de Representação de Objetos e de Funções Matemáticas

A Figura 1.27 apresenta exemplo de gráfico combinação que compara três séries em quatro categorias.

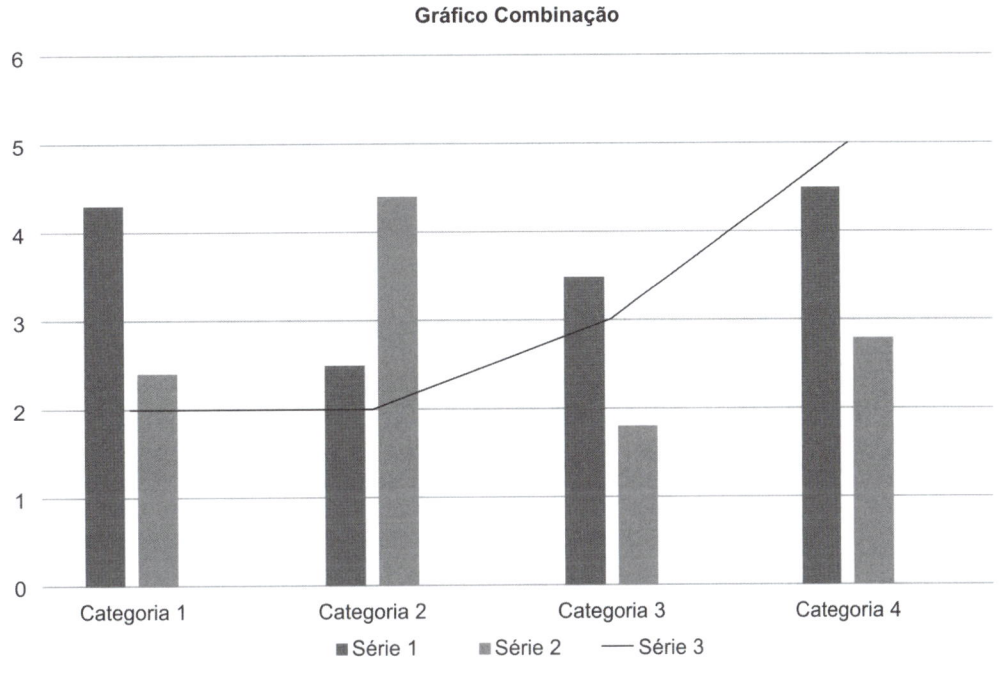

Figura 1.27 – Gráfico Combinação.

1.5 Desenhos livres

Os desenhos livres, ou representações gráficas livres, são utilizados como forma de comunicação não verbal desde a origem do homem. São figuras lineares, bidimensionais ou tridimensionais, traçadas intuitivamente com o objetivo de representar objetos cotidianos.

Os desenhos livres podem ser figuras muito simples como as representações rupestres, ou com alguma técnica de representação, como nas pinturas de quadros (Figura 1.28).

VL/Shutterstock.com

Pavel K/Shutterstock.com

Gráficos e Escalas - Técnicas de Representação de Objetos e de Funções Matemáticas

Figura 1.28 – Desenhos livres.

1.6 Desenhos técnicos

Os desenhos técnicos, ou representações gráficas proporcionais, são realizados com o auxílio de instrumentos como réguas, esquadros, transferidores e compassos, e utilizam símbolos e técnicas projetivas que representam objetos em tamanho natural, reduzido ou ampliado.

Os desenhos técnicos são realizados com o objetivo de servir como base para a construção de protótipos. Por isso, eles devem ser precisos e detalhados.

Para que a compreensão de um desenho técnico seja universal, é necessário que ele seja realizado conforme uma padronização internacional. Para se obter essa padronização, no Brasil os desenhos técnicos devem ser realizados conforme as normas técnicas da ABNT (Associação Brasileira de Normas Técnicas).

A Figura 1.29 apresenta exemplos de desenhos técnicos.

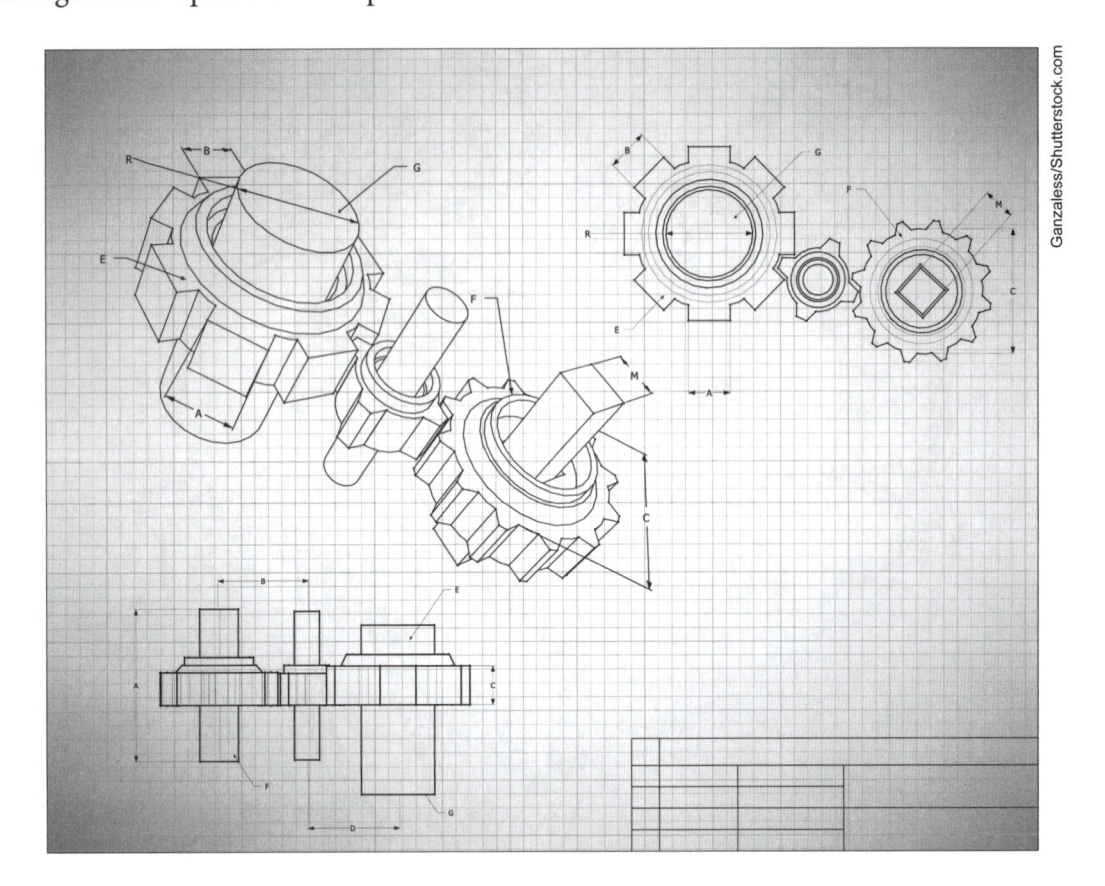

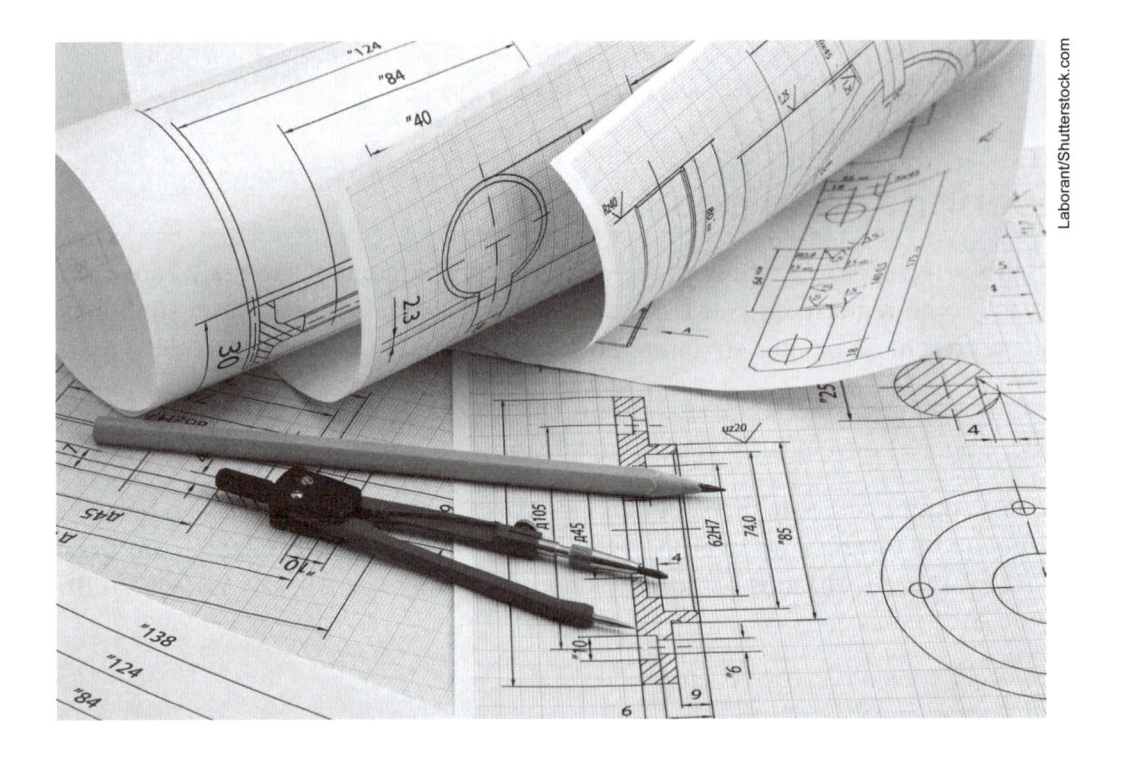

Figura 1.29 – Exemplos de desenhos técnicos.

Amplie seus conhecimentos

A realização de gráficos é uma atividade técnica que requer precisão. Com a utilização de computadores é possível realizar gráficos muito precisos. Cada tipo de gráfico tem sua utilidade específica. Procure conhecer os modelos existentes para melhor representar seus estudos.

Vamos recapitular?

Vimos neste capítulo a importância da comunicação para o homem e alguns tipos de comunicação não verbal. Foram apresentados os símbolos e sua composição para a construção de ícones. Foi apresentada a importância dos modelos representativos, bem como foram conceituados os modelos físicos, matemáticos e gráficos. Foram apresentadas as expressões gráficas do desenho livre e do desenho técnico.

Agora é com você!

1) Comente o processo de comunicação.

2) O que são ícones?

3) Comente os modelos físicos.

4) Qual o objetivo de um desenho técnico?

Escalas de Representação de Objetos

Para começar

Este capítulo tem por objetivo apresentar a importância das escalas na representação de objetos em modelos físicos e em desenhos. Também são apresentados os tipos de escalas e o uso de escalímetros.

2.1 Símbolos e escalas no cinema

Você gosta de cinema? De homenagens duradouras que permanecem durante décadas? E de símbolos? Se a resposta é sim para as três perguntas, seu destino chama-se Hollywood, nos Estados Unidos da América. Na cidade da fama, o roteiro turístico que você não pode perder é caminhar pela *Hollywood Boulevard* em busca das estrelas da calçada da fama e conhecer o *Chinese Theatre* e o *Kodak Theatre*. Essas localidades são famosas pelos seus símbolos e modelos em escala reduzida ou ampliada.

A Figura 2.1 apresenta (a) colina onde fica o nome da cidade e (b) placa indicando nome de *rua*.

(a)

(b)

Figura 2.1 – (a) Símbolo da cidade de Hollywood (b) Placa de rua indicando a Hollywood Bl.

A Hollywood Walk of Fame (Calçada da Fama de Hollywood) é a calçada formada pela Hollywood Boulevard e a Vine Street, onde o chão é constituído por cerca de 2,5 mil lajes de concreto com revestimento preto e placas cor-de-rosa feitas de bronze e *terrazzo* (piso fundido no próprio local de aplicação, feito à base de cimento em composição com outros materiais como mármore, granito, aditivos e agregados especiais) com o formato de estrela. A promotora desse evento, a Câmara do Comércio de Hollywood, vem homenageando personalidades do mundo do entretenimento desde 1960, quando a primeira estrela foi dada à atriz Joanne Woodward. Realizando cerca de vinte e quatro cerimônias por ano, o evento surgiu de uma sugestão do artista plástico Oliver Weismuller.

Weismuller conseguiu criar uma maneira universal e multicultural de homenagear que fosse de fácil entendimento para a população. A Figura 2.2 mostra detalhes construtivos da Calçada da Fama de Hollywood. Ela é em sua maioria de cor escura com pequena quantidade de pontos brancos dispersos. No trecho da calçada destinada a realizar uma homenagem é inserida uma moldura de bronze em formato de estrela preenchida de piso rosado com pontos brancos. Dentro de cada estrela está o nome do homenageado e o símbolo da categoria artística onde ele obteve destaque.

A Figura 2.2 apresenta (a) as estrelas da Calçada da Fama de Hollywood e (b) detalhe da moldura da estrela de bronze de John Travolta.

(a)
(b)

Figura 2.2 – Calçada da Fama de Hollywood.

Os símbolos que compõem as estrelas são: televisor (indústria televisiva), câmera (indústria do cinema), toca-discos (indústria da música), microfone (indústria da radiodifusão) e máscaras de tragédia e comédia (indústria do teatro). Na figura é possível visualizar os símbolos televisor, câmera e toca-discos. A Figura 2.3 apresenta (a) os símbolos de bronze que representam a TV e o cinema e (b) o símbolo de bronze que simboliza um toca-discos.

(a)

(b)

Figura 2.3 – Símbolos de bronze que representam as categorias.

Gráficos e Escalas - Técnicas de Representação de Objetos e de Funções Matemáticas

Mas o que trazer como lembrança dessa visita à Calçada da Fama de Hollywood? Um pedaço da calçada não será possível, mas uma pequena lembrança, sim. Que tal uma miniatura das principais personalidades homenageadas? Por exemplo, a boneca de 5,5 cm de Marilyn Monroe é quantas vezes menor? Vejamos: se Marilyn Monroe tinha 1,67 m de altura, então se pode fazer o seguinte cálculo: 167 cm/5,5 cm = 30. Dessa maneira, o boneco é uma miniatura da atriz 30 vezes menor. A Figura 2.4 apresenta diversas miniaturas de atores, atrizes e personagens do cinema.

Figura 2.4 – Miniaturas dos ídolos de Hollywood.

Nas calçadas do *Grauman's Chinese Theatre*, construído em meados de 1927, encontram-se homenagens também duradouras às celebridades, mas em outro formato. São as famosas placas de cimento com as marcas das mãos, pés e assinaturas das mais concorridas celebridades. Em tamanho real, ou seja, são as marcas reais das celebridades que são eternizadas nesse formato. O local já foi palco de muitas estreias de filmes consagrados e de três cerimônias do Oscar. Dentre as celebridades que registraram seus sucessos destaca-se George Lucas, diretor de *Star Wars*. Carmen Miranda é a única artista brasileira até hoje a deixar suas marcas na Calçada da Fama do *Grauman's Chinese Theatre* e a ganhar uma estrela no quesito televisão na Calçada da Fama.

As assinaturas e inscrições gravadas na argamassa sem dúvida são muitas vezes maiores que as normalmente executadas, por exemplo, no preenchimento de um cheque. Mas as mãos e pés estão no tamanho real.

A Figura 2.5 apresenta (a) a entrada do *Grauman's Chinese Theatre*, (b) as inscrições de Clint Eastwood e as suas mãos na argamassa de cimento, (c) as inscrições de membros dos filmes de Harry Potter, incluindo pé, mão e varinha mágica e (d) o selo norte-americano homenageando Carmen Miranda.

(a)

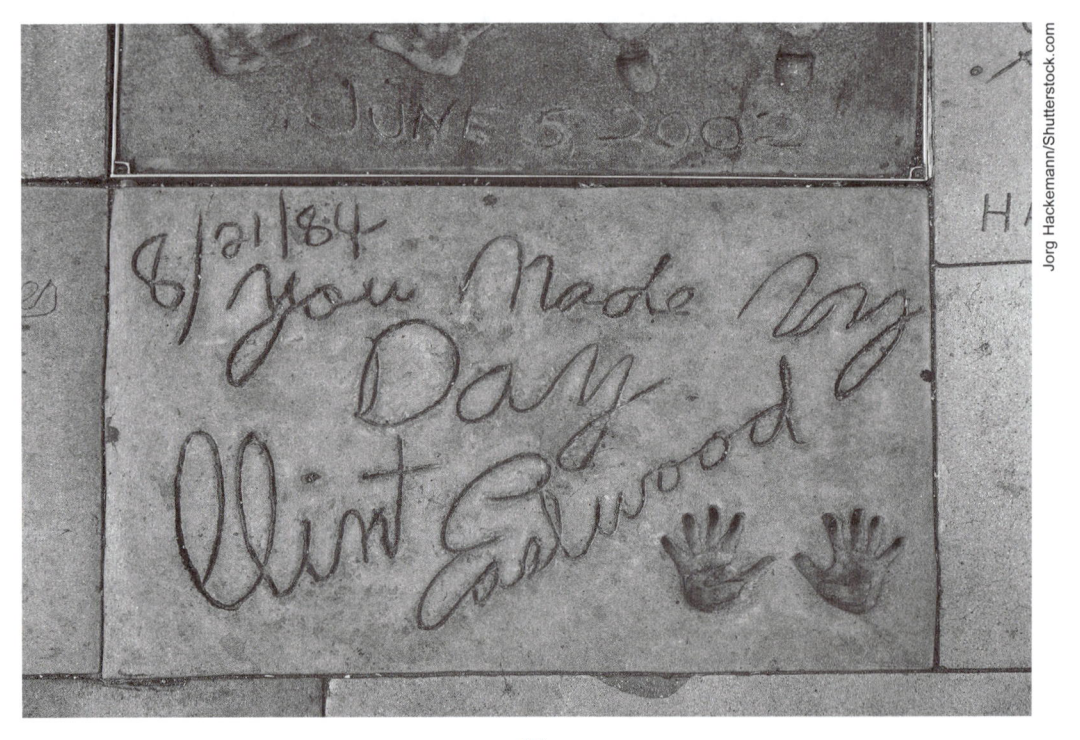

(b)

Cedric Weber/Shutterstock.com

(c)

catwalker/Shutterstock.com

(d)

Figura 2.5 – Vista do *Grauman's Chinese Theatre* e de suas personalidades.

A fotografia 3x4 utilizada em documentos é um belo exemplo de que uma miniatura fotográfica consegue mostrar quem somos. Mas miniaturas também podem nos iludir. Alguém duvida disso?

Os filmes da série *Star Wars* de George Lucas utilizaram pequenos modelos de aeronaves nas gravações. E para nós, amantes do cinema, parecia realmente que estávamos navegando em uma rápida e moderna nave espacial. A Figura 2.6 apresenta (a) as miniaturas de diversas aeronaves espaciais, (b) uma aeronave em "movimento real", (c) personagens de *Star Wars* jogos e (d) brinquedos inspirados nos filmes.

(a)

(b)

Blulz60/Shutterstock.com

(c)

Stefano Tinti/Shutterstock.com

(d)

Figura 2.6 – Miniaturas de *Star Wars*.

Outro exemplo de filme antigo que nos enganava era *Godzila*. Como? Um grande monstro pisando e destruindo cidades. Mas existiam séries de TV similares que utilizavam répteis para arrasar edifícios e incendiar quarteirões. A Figura 2.7 apresenta répteis invadindo uma cidade.

Figura 2.7 – Répteis invadindo uma cidade.

No lançamento de um filme é comum a utilização de cartazes com a figura dos personagens mais importantes. As crianças e adultos adoram tirar fotos ao lado dessas figuras, que são impressas em papel com qualidade fotográfica e coladas em uma estrutura de papelão duro. Ou são fabricados grandes cartazes para impressionar e estimular o publico a assistir o filme ou peça de teatro.

A Figura 2.8 apresenta personagens de filmes do Batman homenageados em um grande cartaz promocional (a). Que tal vestir uma fantasia adulta de Batman ou dar uma volta em uma réplica do Batmóvel com as luzes acesas e piscando? Claro que a maioria dos fãs gostaria. Nesse caso, a questão não é a escala e sim a riqueza de detalhes tanto da fantasia (b) quanto do Batmóvel (c).

(a)

(b)

(c)

Figura 2.8 – Série Batman.

Quer lembrar-se de mais uma paixão de sua infância? Miniaturas de locomotivas, de vagões de trem e de carros esportivos sempre serão objetos de desejo e de coleção de meninos. E meninas? A opção repousa em bonecas, bonecos e casinhas. Também as peças de montar sempre estarão presentes nas brincadeiras infantis, permitindo a criação de carrinhos, castelos etc.

A Figura 2.9 apresenta diversas miniaturas utilizadas por crianças e adultos. Miniatura de (a) locomotiva a vapor; (b) carro conversível; (c) boneca; (d) bebê; (e) casinha de bonecas; (f) peças de montagem.

(a)

(b)

AsianShow/Shutterstock.com

(c)

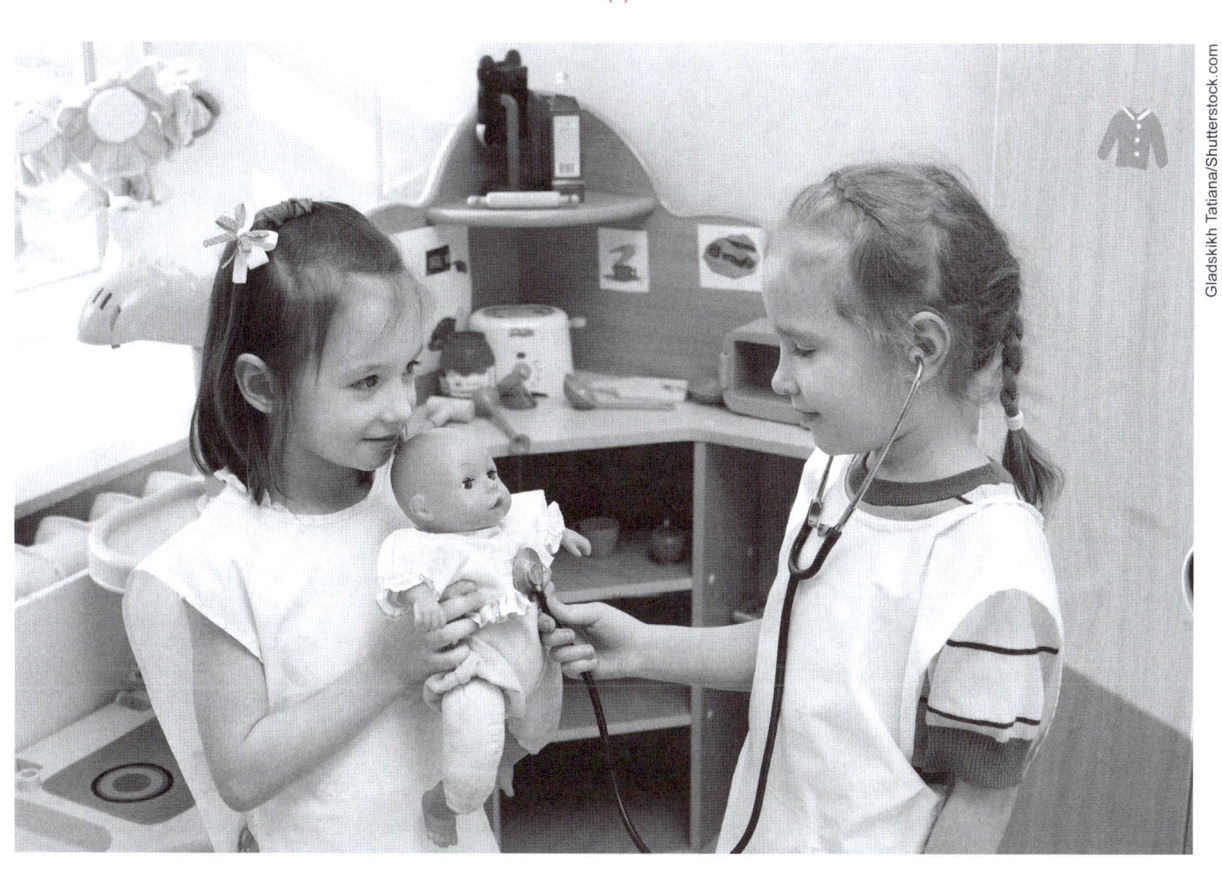

Gladskikh Tatiana/Shutterstock.com

(d)

Milan Tesar/Shutterstock.com

(e)

Serhiy Kobyakov/Shutterstock.com

(f)

Figura 2.9 – Diversas miniaturas infantis e de colecionadores.

Gráficos e Escalas - Técnicas de Representação de Objetos e de Funções Matemáticas

A história auxilia na aspiração da realização de sonhos. Um belo exemplo é o Castelo Neuschwanstein, pertencente à Rota Romântica. Ele é o mais visitado na Alemanha e na Europa. A construção data do século XIX e foi idealizada pelo Rei da Baviera, Ludwig II. Essa fantástica obra de engenharia civil e arquitetura inspirou qual outro castelo? Nada mais, nada menos que o Castelo da Bela Adormecida na Disneylândia. O castelo da Disney é uma versão diminuída do castelo alemão.

A Figura 2.10 apresenta (a) Castelo Neuschwanstein, Bavaria, Alemanha e (b) selo do personagem urso Pooh com o castelo da Disney ao fundo.

(a)

(b)

Figura 2.10 – (a) Castelo; (b) Selo.

2.2 Tipos de escalas

Escala é a relação entre as medidas de um objeto em sua representação (desenho ou modelo físico) e suas dimensões reais.

A representação em escala pode ser do tipo natural, de ampliação ou de redução, como explicado a seguir.

» **Escala Natural:** Nesse tipo de escala, as medidas de um objeto em sua representação são iguais às dimensões reais. Nesse caso, a relação entre as medidas da representação e as reais é de 1:1. Assim, o objeto real apresentado na Figura 2.11 terá um modelo físico na escala natural com as mesmas dimensões originais.

» **Escala de Ampliação:** Nesse tipo de escala, as medidas de um objeto em sua representação são maiores que as dimensões reais. Nesse caso, a relação entre as medidas da representação (X) e

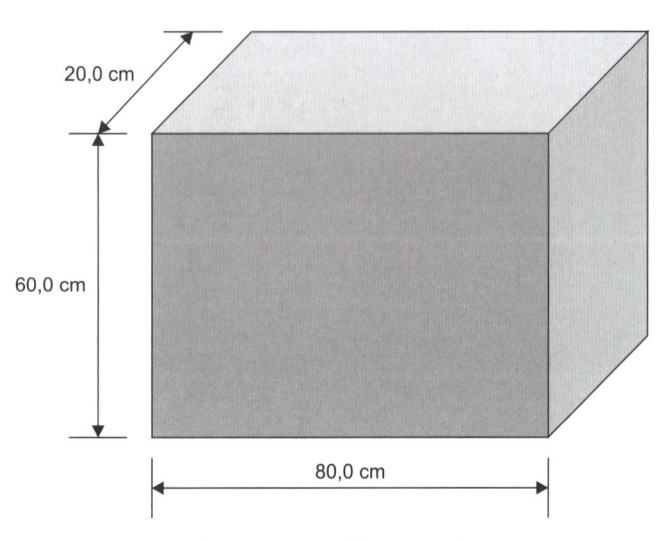

Figura 2.11 – Objeto real.

as reais (1) é de X: 1, onde X > 1. Assim, o objeto real apresentado na Figura 2.11 terá um modelo físico na escala de ampliação 20:1 com as dimensões apresentadas na Figura 2.12.

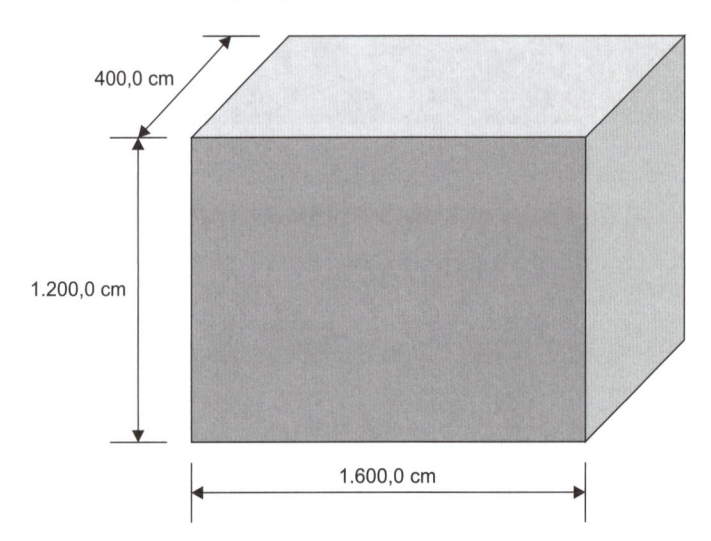

Figura 2.12 – Modelo em escala de ampliação 20:1.

O objeto real tem volume 96.000 cm³ (20 cm × 60 cm × 80 cm) e o modelo em escala de ampliação 20:1 tem volume 768.000.000 cm3 (400 cm × 1.200 cm × 1.600 cm). Observe que a relação entre os volumes do modelo e do objeto real é de 8.000 (768.000.000/96.000). O valor da relação entre os volumes (8.000) é resultado da ampliação das dimensões originais (20 × 20 × 20 = 8.000).

» **Escala de Redução:** Nesse tipo de escala, as medidas de um objeto em sua representação são menores que as dimensões reais. Nesse caso, a relação entre as medidas da representação (1) e as reais (X) é de 1: X, onde X > 1. Assim, o objeto real apresentado na Figura 2.11 terá um modelo físico na escala de redução 1:5 com as dimensões apresentadas na Figura 2.13.

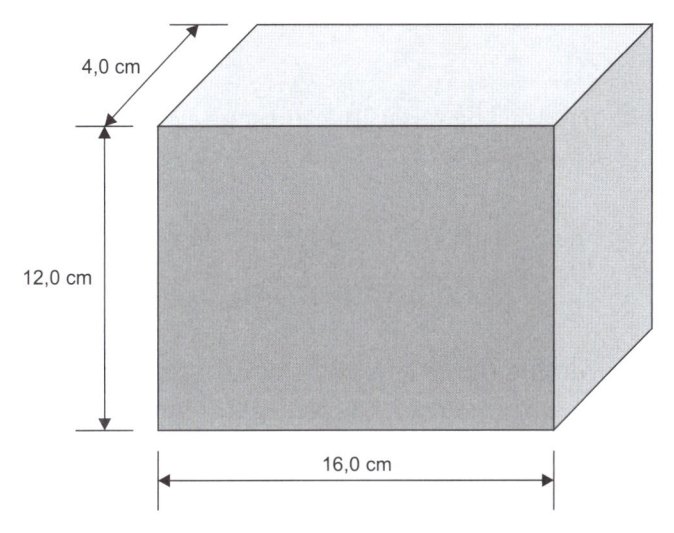

Figura 2.13 – Modelo em escala de redução 1:5.

Como visto, o objeto real tem volume 96.000 cm^3 (20 cm × 60 cm × 80 cm) e o modelo em escala de redução 1:5 tem volume 768 cm^3 (4 cm × 12 cm × 16 cm). Observe que a relação entre os volumes do modelo e do objeto real é de 0,008 (768/96.000). O valor da relação entre os volumes (0,008) é resultado da redução das dimensões originais (1/5 × 1/5 × 1/5 = 0,008).

No caso de desenho técnico, a norma técnica brasileira NBR 8196:1999 – Desenho técnico – emprego de escalas – determina que o valor de X para o desenho técnico deve ser conforme a tabela 2.1, podendo as escalas da tabela serem reduzidas ou ampliadas à razão de 10.

Tabela 2.1 – Escalas (NBR 8196:1999)

Redução	Natural	Ampliação
1:2	1:1	2:1
1:5	----	5:1
1:10	----	10:1

A NBR 6492:1994 – Representação de projetos de arquitetura, indica no item A-3.1 que as escalas usuais são 1:2; 1:5; 1:10; 1:20; 1:25; 1:50; 1:75; 1:100; 1:200; 1:250 e 1:500.

No caso do desenho técnico, a palavra "ESCALA" pode ser abreviada como "ESC", devendo ser indicada na legenda da folha de desenho. Quando em uma folha de desenho for utilizada mais de uma escala, a escala principal será denominada escala geral, que deverá estar indicada na legenda, e as demais devem estar indicadas junto aos desenhos correspondentes.

A escolha de uma escala para um desenho é função de sua complexidade. A escala escolhida deve permitir uma fácil e clara interpretação da informação do desenho.

Exemplos

1) Um projeto de arquitetura apresenta um desenho em planta do quarto de uma residência. O desenho foi feito na escala de redução 1:100. Nele existe um detalhe cuja distância até uma parede no desenho é de 2,3 cm. Determinar a distância real deste detalhe.

Solução

Como o desenho foi feito na escala de redução 1:100, significa que:

1 cm – 100 cm
2,3 cm – D

D = (2,3 cm × 100 cm)/1 cm
D = 230 cm = 2,30 m

2) Um projeto de design de interiores apresenta um desenho em planta de um armário. O desenho foi feito na escala de redução 1:5. Nele existe um detalhe cuja distância no desenho mede 78 mm. Determinar a distância real deste detalhe.

Solução

Como o desenho foi feito na escala de redução 1:5, significa que:

1 mm – 5 mm
78 mm – D

D = (78 mm × 5 mm)/1 mm
D = 390 mm = 39 cm = 0,39 m

3) Um detalhe em uma construção está situado a 0,75 m de um ponto de referência. Para um desenho feito na escala de redução 1:2, determine o valor da distância que nele deve ser marcado.

Solução

A medida real é 0,75 m e o desenho feito na escala de redução 1:2. Isso significa que:

1 m – 2 m
D – 0,75 m

D = (1 m × 0,75 m)/2 m
D = 0,375 m = 37,5 cm = 375 mm

2.3 Escalímetros

O escalímetro é um importante instrumento de desenho técnico. Através do escalímetro é possível marcar diretamente as medidas de um desenho em escala, sem haver a necessidade de realizar contas de conversão de medidas (Figura 2.14).

fotoedu/Shutterstock.com

Figura 2.14 – Escalímetro.

Os escalímetros podem ser planos, na forma de réguas, ou na forma de um prisma triangular, sendo construídos em plástico ou alumínio. Não se deve utilizar o escalímetro como apoio para traçados, pois o atrito do grafite com o material do escalímetro poderá retirar suas marcações de escala.

O escalímetro na forma de prisma triangular possui seis réguas com diferentes escalas, sendo geralmente 1:20; 1:25; 1:50; 1:75; 1:100; e 1:125.

Através das escalas originais apresentadas nos escalímetros é possível obter outras escalas de desenhos utilizando múltiplos e submúltiplos dessas escalas originais.

Cada unidade representada nas escalas apresentadas no escalímetro corresponde a um metro no objeto real.

Embora os escalímetros geralmente apresentem escalas de redução, é possível também utilizá-los para realizar desenhos em escala de ampliação.

 Exemplo

1) Utilização de escalímetro para desenhos com escala de ampliação:

Problema

Em um projeto, deseja-se realizar um desenho de um detalhe na escala de ampliação 5:1. Qual escala do escalímetro deve ser utilizada?

Solução

Para utilizar as escalas do escalímetro, inicialmente devemos transformar a escala de ampliação do desenho em escala de redução. Neste caso, a relação de escala deve ser dividida por 5:

5/5: 1/5, obtendo 1: 0,25

A escala mais próxima da escala 1:0,25 no escalímetro é a escala 1:25, que é 100 vezes menor que as escala 1:0,25.

Assim, para realizar um desenho de um objeto na escala 5:1, ou 1:0,25, basta ler as unidades do escalímetro na escala 1:25. Contudo, cada unidade nessa escala, em vez de corresponder a 1 m, será igual a 1 m/100 = 1 cm, ou 10 mm.

Amplie seus conhecimentos

Geralmente, na área da arquitetura os modelos físicos utilizados são em escala reduzida. A principal preocupação dos modelos em arquitetura é sua representação geométrica. Esses modelos são chamados de maquetes, e sua principal preocupação é a de relacionar os espaços físicos e a volumetria das edificações às dimensões de veículos e dos seres humanos.

Vamos recapitular?

Vimos neste capítulo a importância das escalas na representação de objetos em modelos físicos e em desenhos. Também foram apresentados os tipos de escalas e o uso de escalímetros.

Agora é com você!

1) Comente as escalas de ampliação.

2) Um projeto de arquitetura apresenta um desenho em planta de um quarto de uma residência. O desenho foi feito na escala de redução 1:50. Nele existe um detalhe, cuja distância até uma parede no desenho mede 1,05 cm. Determinar a distância real deste detalhe.

3) Um detalhe em uma construção está situado a 1,25 m de um ponto de referência. Para um desenho feito na escala de redução 1:20, determine o valor da distância que nele deve ser marcado.

4) Comente os escalímetros.

Representações Gráficas de Objetos

Para começar

Este capítulo tem como objetivo apresentar a importância das linhas e da arte de desenhar para a vida do homem. São apresentados os tipos de linhas e de cotas para desenho técnico. Também são apresentados os diversos tipos de representações de objetos, como os desenhos em perspectivas, tipos de vistas e de cortes em desenhos técnicos.

3.1 Tipos de linhas

O desenho e a interpretação dos desenhos compostos basicamente por linhas têm uma importância nem sempre percebida. Desde o nascimento do homem até sua morte, o entendimento de "determinadas linhas" é muito importante. Alguns exemplos relevantes são apresentados na Figura 3.1, como (a) a identificação de pessoas pelas linhas digitais da mão; (b) a altura de uma pessoa registrada através de linhas em uma escala linear; (c) as linhas que representam os sinais vitais de uma pessoa.

PIXXart&Shutterstock.com

(a)

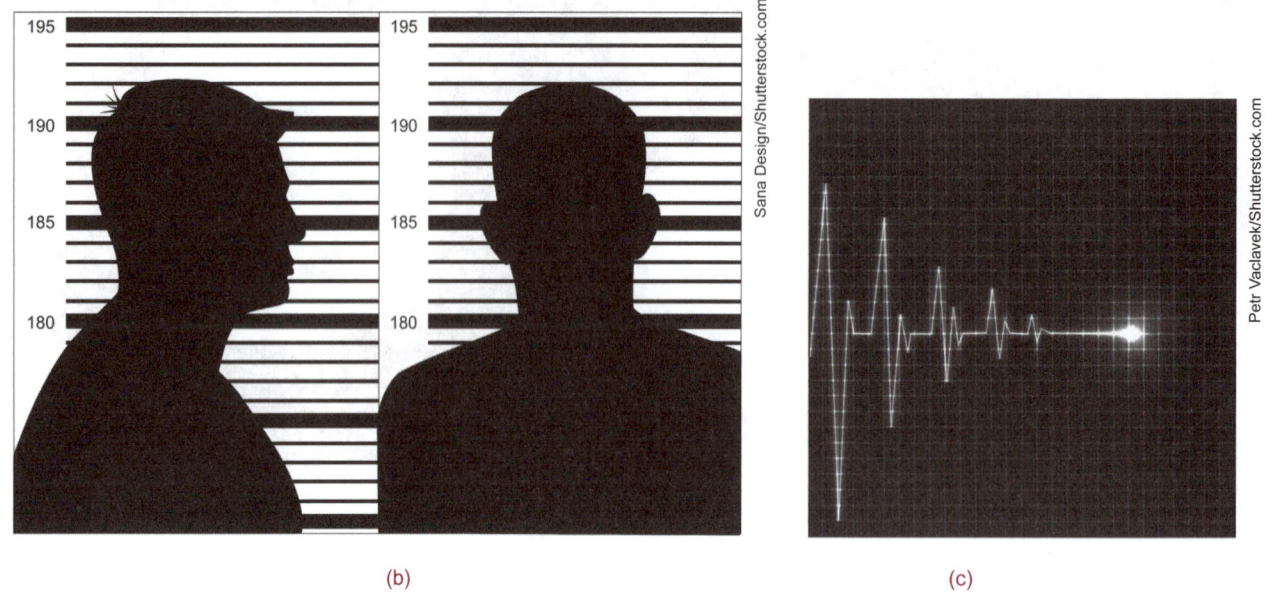

Figura 3.1 – (a) digitais; (b) altura em perfil e em vista frontal; (c) sinais vitais de uma pessoa.

Se os sinais vitais de uma pessoa foram citados, não podemos deixar de falar das emoções. Em competições esportivas, grandes alegrias e tristezas andam juntas, lado a lado. E, novamente, exemplos da importância das linhas podem ser ressaltados. Na Figura 3.2 são apresentados (a) o corte de uma fita esticada representando uma inauguração; (b) a fila retilínea de torcedores que desejam conhecer o estádio e assistir a uma partida de futebol; (c) a linha central do campo; (d) linhas demarcatórias de um campo de futebol.

Gráficos e Escalas - Técnicas de Representação de Objetos e de Funções Matemáticas

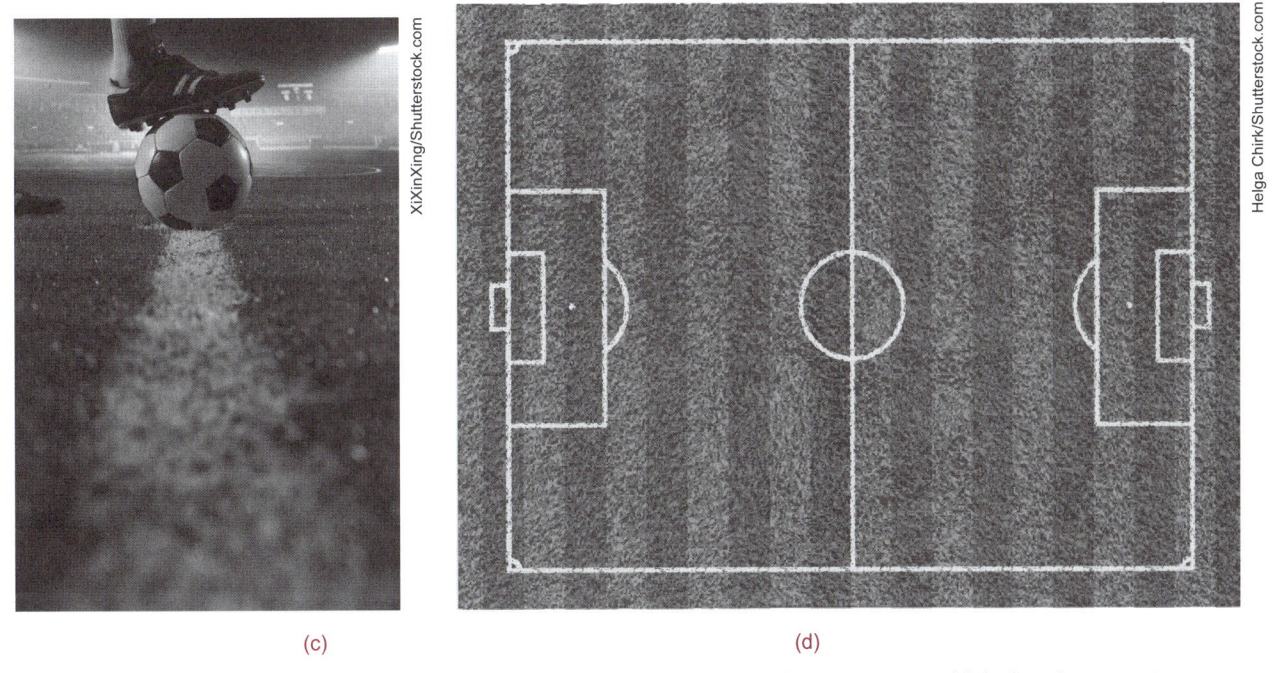

(c)   (d)

Figura 3.2 – (a) fita de inauguração; (b) fila de torcedores; (c) linha de meio-campo; (d) linhas demarcatórias.

Outras arenas esportivas necessitam de linhas rigorosamente posicionadas para que a competição tenha condições de existir. Na Figura 3.3, vemos (a) o campo de futebol americano com a marcação de jardas e a trave de gol; (b) uma pista de atletismo; (c) a linha de chegada.

(a)

(b)   (c)

Figura 3.3 – (a) campo de futebol americano e a trave de gol;
(b) linhas da pista de atletismo; (c) esportista cruzando a linha de chegada.

O modelo linear é muito utilizado na prestação de serviços e na fabricação de produtos e construções. A Figura 3.4 apresenta (a) a tubulação retilínea de um gasoduto; (b) esboços de linha de transmissão de energia elétrica; (c) diagrama de modelo produtivo conhecido como "linha de produção"; (d) um código de barras (e) linhas de programação de um software; (f) modelo estrutural simplificado por retas; (g) linhas estilizadas de quebras de página de uma homepage.

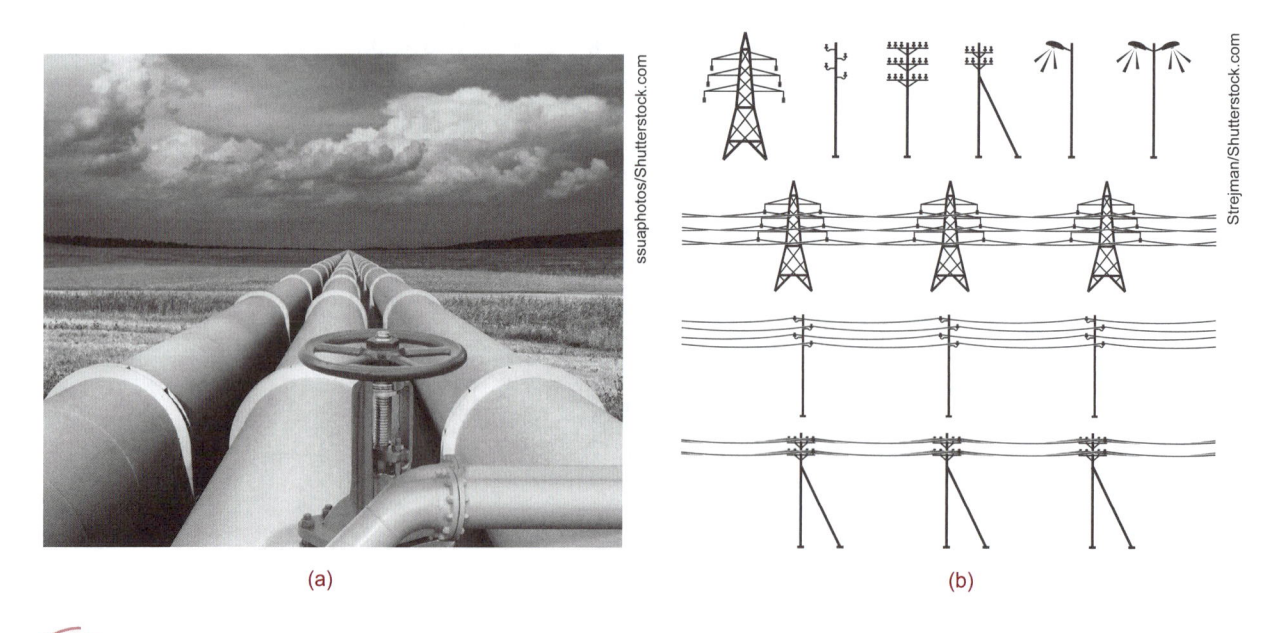

(a)   (b)

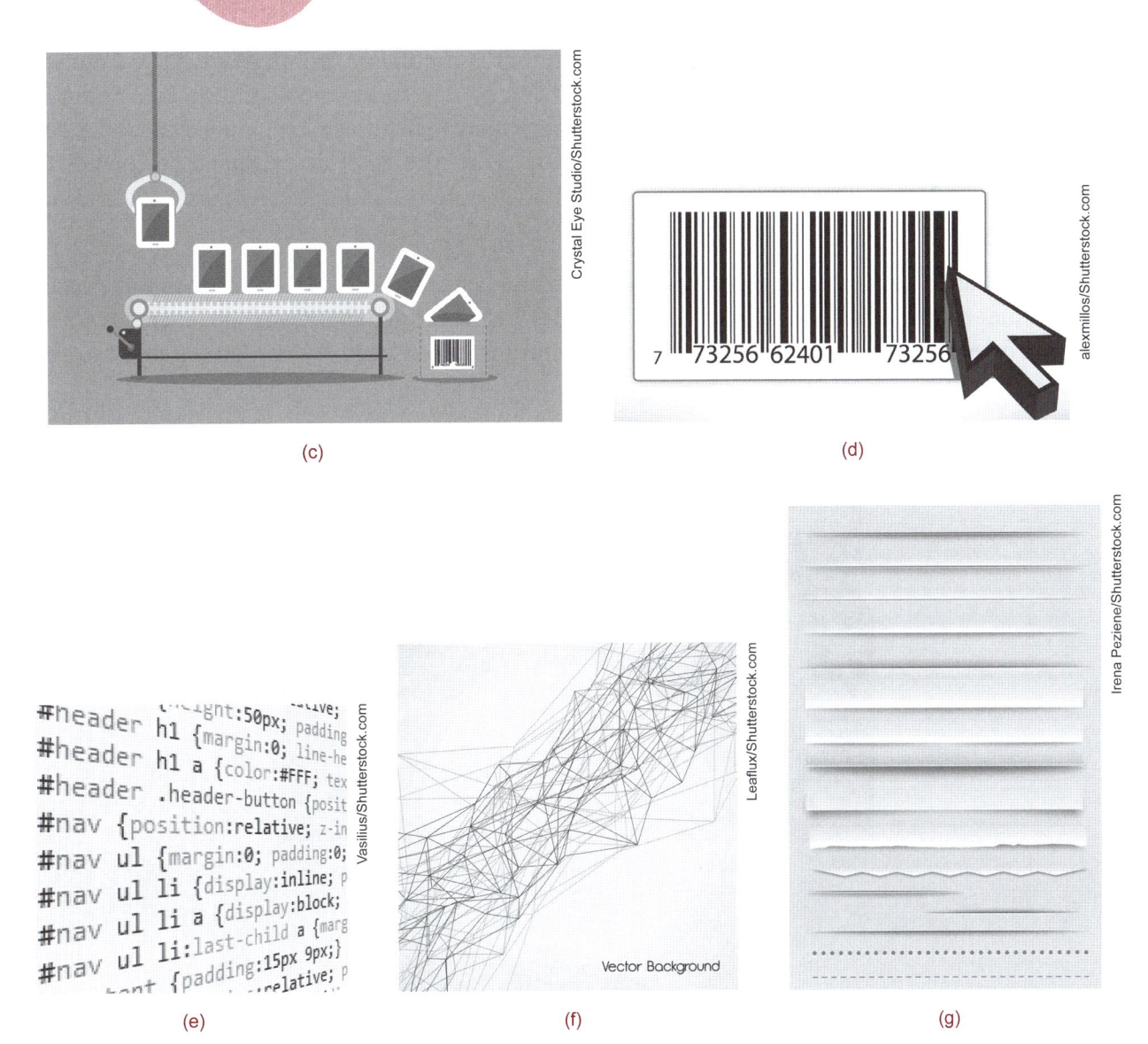

Figura 3.4 – (a) gasoduto; (b) esboços de linha de transmissão; (c) diagrama de linha de produção; (d) código de barras; (e) linhas de programação; (f) modelo computacional; (g) linhas de quebra de página.

As linhas de um desenho podem ser retas ou curvas, e a diferença básica entre o que cada tipo transmite é seu grau de seriedade. As curvas se parecem mais com a Natureza e transmitem mais dinamismo e liberdade. As linhas retas são racionais, duras e formais.

3.1.1 A arte de desenhar

O seu estilo de desenhar é à mão com o auxílio de lápis, lapiseira e caneta nanquim ou utilizando softwares em computadores e tablets, onde seus dedos são utilizados como caneta/pincel ou para controlar o mouse? A Figura 3.5 (a) apresenta um desenho sendo feito à mão, onde o desenhista está segurando uma caneta nanquim. Quem já desenhou dessa maneira sabe como é necessário prestar muita atenção e possuir destreza manual. Por exemplo, no final do traçado de uma reta utilizando caneta nanquim ou uma caneta ponta porosa, se a régua escorregar irá causar um borrão e causar danos irreparáveis ao desenho. A Figura 3.5 (b) apresenta um notebook em cuja tela são apresentados alguns desenhos. O desenho auxiliado por computador (em inglês, CAD - *Computed Aided Design*) tornou-se referência na criação de desenhos, desestimulando a utilização de pranchetas e salas de desenhos nas empresas. Dentre os programas mais utilizados para execução de desenhos em duas dimensões (2D) destaca-se o *AutoCad*. Porém, o nível de exigência de clientes tem exigido a evolução para desenhos em três dimensões (3D). Nesse caso, os softwares mais utilizados são *SolidWorks* e *3D Studio*.

A execução de desenhos por computador permite a execução de desenhos técnicos e artísticos com maior praticidade e precisão. Retas paralelas "realmente são paralelas" distanciadas entre si por uma determinada distância, e o encontro de retas formando cantos vivos em paredes são facilmente executados.

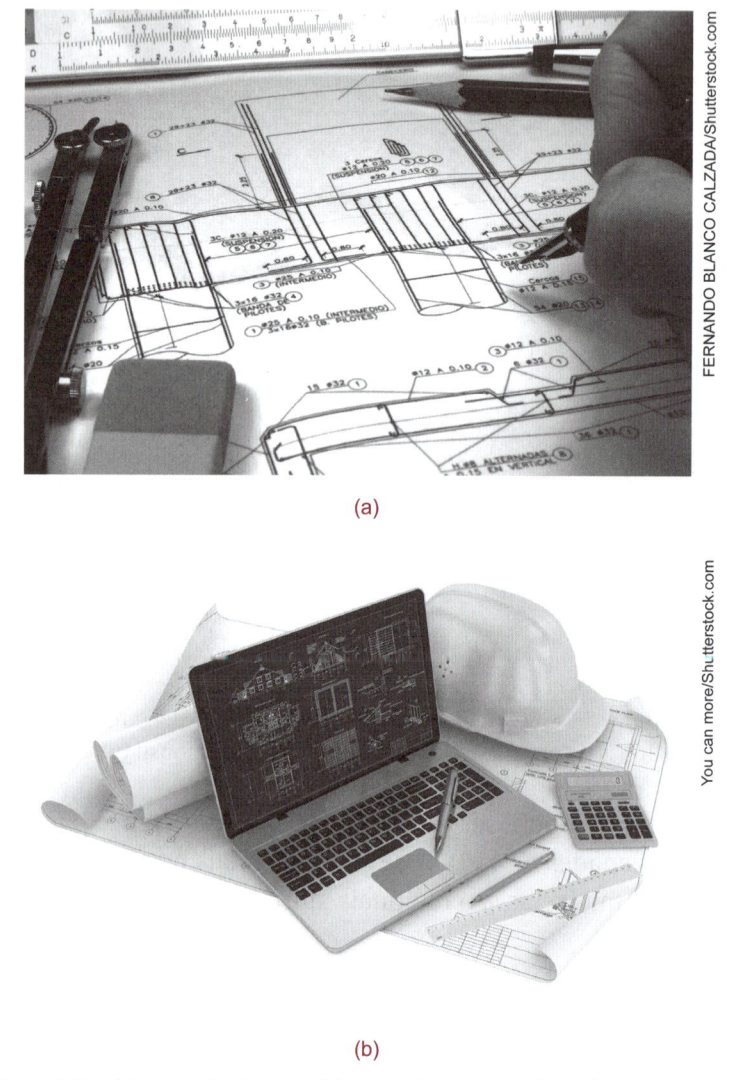

(a)

(b)

Figura 3.5 – (a) Desenho à mão; (b) Desenho utilizando softwares gráficos.

A linha pode ser um elemento básico na criação de texturas. O efeito que se deseja é o de duas e três dimensões. É importante a existência de variedade de formas, texturas, cores, por exemplo, para não termos um ambiente monótono. A Figura 3.6 apresenta quatro padrões de textura utilizando-se predominantemente linhas.

Figura 3.6 – Padrões de textura.

Mas antes de começar a desenhar com rigor técnico é necessário que as ideias "brotem" após um "estalo" criativo ou sejam fruto de exaustivas reuniões de trabalho. Se o assunto é desenho, necessita-se começar a desenhar esboços sem muita precisão, o importante é apresentar a ideia.

A Figura 3.7(a) apresenta esboços da estrutura de uma edificação qualquer. Mas grandes símbolos arquitetônicos e comerciais nasceram de ideias muitas vezes registradas em um guardanapo. Na maioria das vezes, após um pequeno deslizar de caneta surgiu um logotipo de grande identificação popular. Os rabiscos iniciais são geralmente pequenos trechos de retas que unidos começam a "pôr no papel" a nova proposta.

Um tipo de desenho é o sonho de muitos, a moradia própria. Leiautes dos móveis nos apartamentos dos sonhos não precisam imitar o formato das paredes. Os móveis podem se organizar em linhas inclinadas ou curvas, se a intenção for transmitir essa sensação de dinamismo. Essa valorização das curvas teve na figura de Oscar Niemeyer seu expoente máximo.

> "Não é o ângulo reto que me atrai / Nem a linha reta, dura, inflexível criada pelo homem / O que me atrai é a curva livre e sensual / A curva que encontro no curso sinuoso dos nossos rios / Nas nuvens do céu, no corpo da mulher preferida / De curvas é feito todo o universo / O universo curvo de Einstein."
>
> Oscar Niemeyer

No Brasil, o arquiteto Oscar Niemeyer, com suas obras sinuosas, marcou a arquitetura de várias cidades brasileiras. A Figura 3.7 (b) apresenta a Igreja de São Francisco de Assis no complexo da Pampulha, em Belo Horizonte (MG). O destaque dessa obra é a abóbada parabólica em concreto que ao mesmo tempo serve como estrutura e fechamento lateral. No âmbito internacional, o *colored peacock* (pavão colorido) de traços simplificados da NBC (*National Broadcasting Company*) (Figura 3.7(c)) é um dos mais valiosos símbolos da televisão internacional. Ele surgiu com a chegada da TV em cores aos EUA e utilizou o slogan *Proud as a Peacock* ("Orgulhoso como um Pavão").

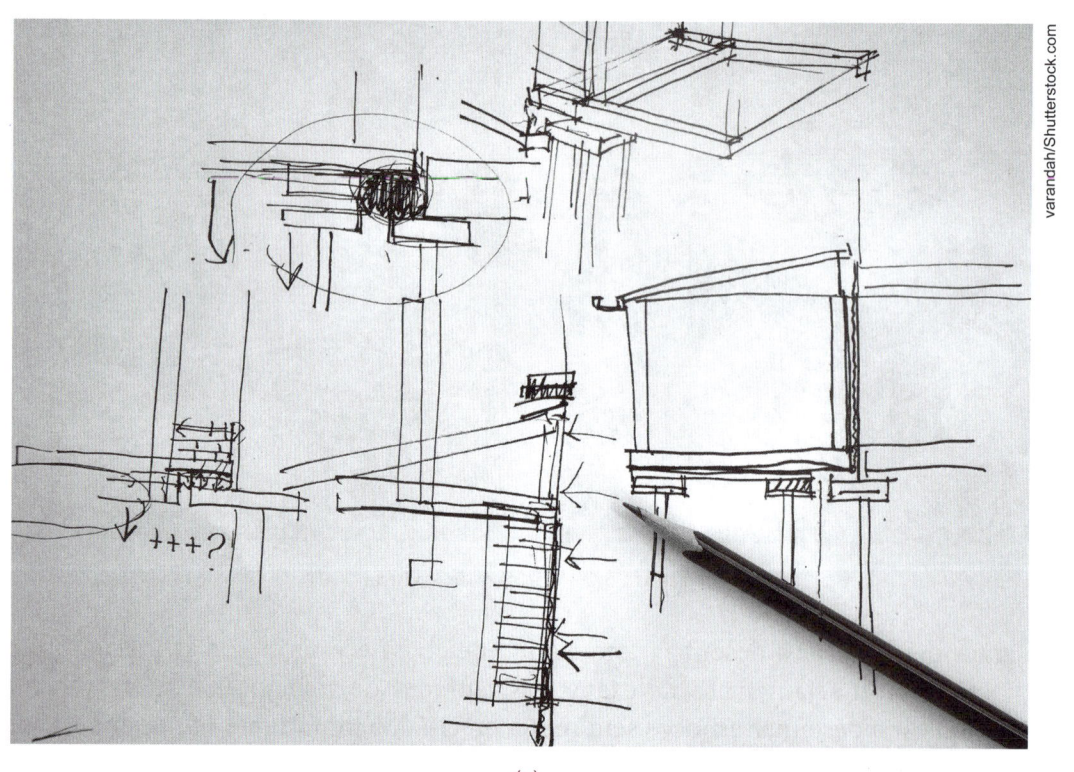

varandah/Shutterstock.com

(a)

(b)

(c)

Figura 3.7 – (a) esboço de arquitetura; (b) Igreja de São Francisco de Assis; (c) Logo da NBC.

No início do século XXI, os esboços e estudos gráficos podem ser registrados em dispositivos com telas sensíveis a canetas apropriadas e aos toques dos dedos. Essa técnica é disponível inclusive em equipamentos móveis. O armazenamento digital facilita o compartilhamento, a alteração e oferta de nossas sugestões enviadas por integrantes da equipe. A Figura 3.8 apresenta em (a) a utilização de caneta para a execução de um "esboço digital"; (b) apresenta uma designer utilizando o dedo para desenhar em um tablete; (c) apresenta as "silhuetas" das linhas do horizonte das cidades de Londres, Paris, Istambul, Moscou, Roma e Viena, (d) o esboço de uma cozinha residencial.

(a)

(b)

(c)

(d)

Figura 3.8 – (a) esboço com caneta; (b) esboço com dedo;
(c) silhuetas de cidades famosas; (d) esboço de cozinha residencial.

Gráficos e Escalas - Técnicas de Representação de Objetos e de Funções Matemáticas

O desenho técnico tem a função principal de transmitir de forma clara a ideia criativa de um produto ou uma edificação. É importante a existência de regras, linguagem gráfica adequada e símbolos básicos.

Nos desenhos feitos à mão devem ser utilizados principalmente os seguintes itens (Figura 3.9):

» **lápis/lapiseira (diâmetro 0,5 ou 0,3 mm) com grafites de vários graus de dureza:** grafite mais dura permite pontas finas e traços muito claros. A dureza das grafites é indicada por meio de letras H e F para a execução de traços finos e HB ou B para traços fortes.

» **esquadros:** de 30º, 45º e 60º, que, utilizados conjuntamente, permitem a obtenção de vários ângulos e a construção de retas perpendiculares e paralelas.

» **escalímetros:** réguas com várias escalas (1:20, 1:25, 1:50, 1:75, 1:100, 1:125) para converter medidas usadas em engenharia.

» **transferidor:** régua de formato semicircular, ou circular, graduada em graus.

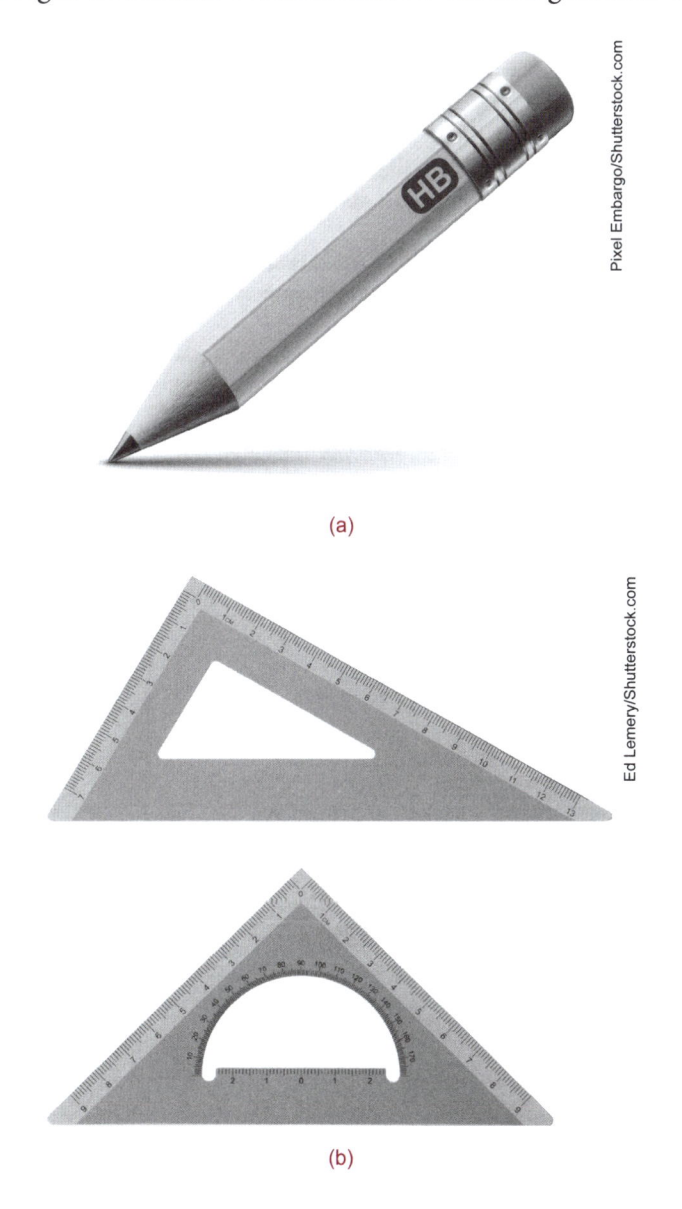

Pixel Embargo/Shutterstock.com

(a)

Ed Lemery/Shutterstock.com

(b)

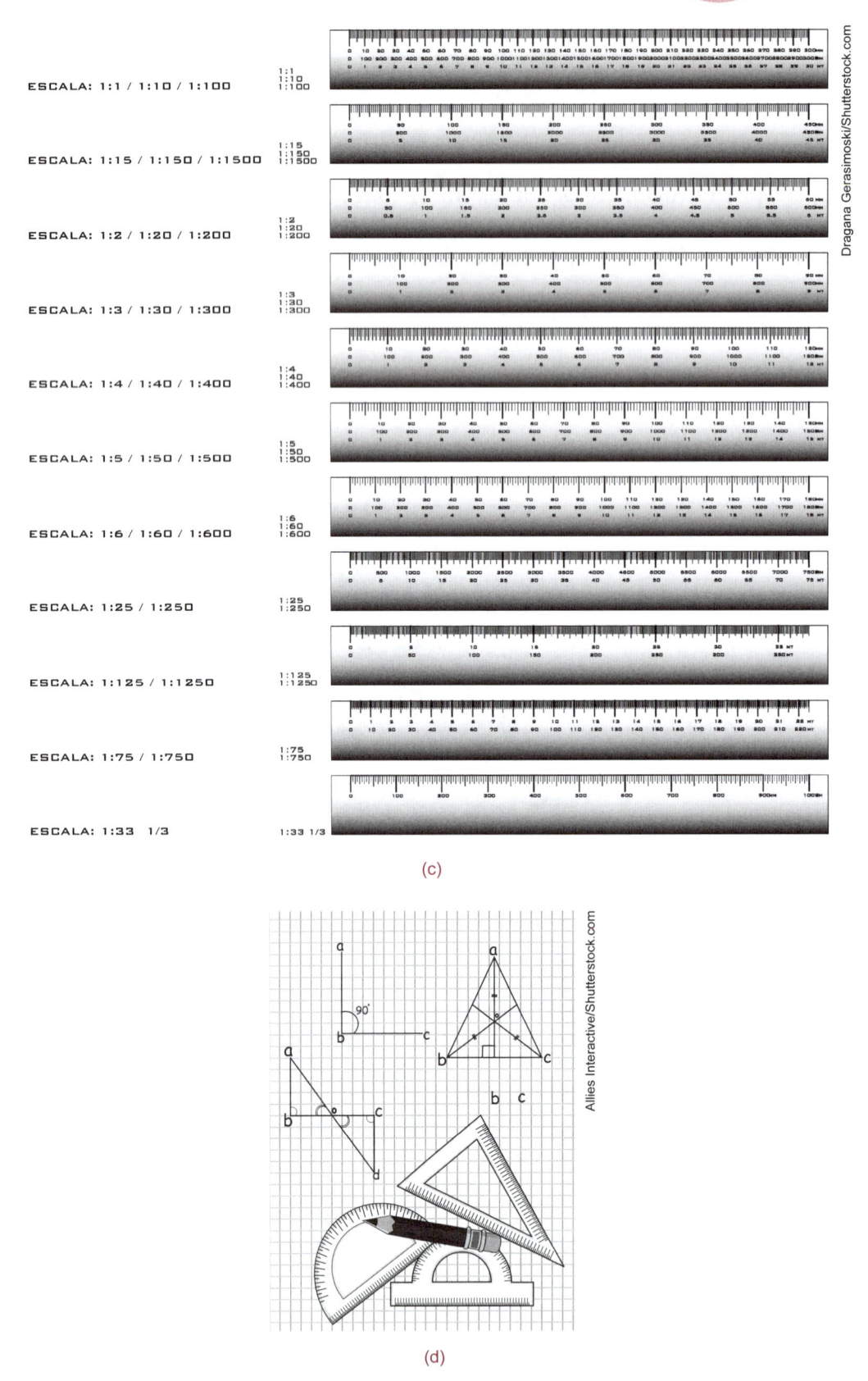

(c)

(d)

Figura 3.9 – (a) Lápis com grafite HB; (b) Esquadros; (c) Escalímetros; (d) Transferidor.

3.1.2 Tipos de linhas

Segundo a NBR 8403:1994 – Aplicação de linhas em desenhos – Tipos de linhas – Larguras das linhas –, existem dez tipos de linhas indicadas por letras que devem ser utilizadas de modo a facilitar a interpretação e compreensão dos desenhos. As espessuras das linhas devem ser mantidas para todos os desenhos na mesma escala e ser escolhidas conforme o tipo, dimensão e escala do desenho, de acordo com o seguinte escalonamento: 0,13 - 0,18 - 0,25 - 0,35 - 0,50 - 0,70 - 1,00 - 1,40 e 2,00 mm.

A Figura 3.10 apresenta (a) os tipos de linhas mais utilizadas nos desenhos técnicos e (b) todos os tipos de linha e sua utilização.

Contínua larga: arestas e contornos visíveis de peças
Contínua estreita: hachuras, coras
Tracejada larga: lados invisíveis
Traço e ponto: planos de corte e eixos

(a)

Linha	Denominação	Aplicação Geral
A ————	Contínua larga	A1 Contornos visíveis A2 Arestas visíveis
B ————	Contínua estreita	B1 Linhas de interseção imaginárias B2 Linhas de cotas B3 Linhas auxiliares B4 Linhas de chamadas B5 Rachures B6 Contorno de seções rebatidas na própria vista B7 Linhas de centros curtas
C ——— D ————	Contínua estreita à mão livre (*) Contínua estreita em ziguezague (*)	C1 Limite de vistas ou cortes parciais ou interrompidas se o limite não coincidir com linhas traços e ponto D1 Esta linha destina-se a desenhos confeccionados por máquinas
E ——— F ————	Tracejado largo (*) Tracejado estreito (*)	E1 Contornos não visíveis E2 Arestas não visíveis F1 Contornos não visíveis F2 Arestas não visíveis
G —·—·—	Traço e ponto estreito	G1 Linhas de centro G2 Linhas de simetrias G3 Trajetórias
H	Traço e ponto estreito, largo nas extremidades e na mudança de direção.	H1 Planos de cortes
J —·—·—	Traço e ponto largo	J1 Indicação das linhas ou superfícies com indicação especial
K —··—··—	Traço dois pontos estreitos	K1 Contornos de peças adjacentes K2 Posição limite de peças móveis K3 Linhas de centro de gravidade K4 Cantos antes de conformação K5 Detalhes situados antes do plano de corte

(b)

Figura 3.10 – Tipos de linhas.

A norma NBR 6492:1994 apresenta as espessuras das linhas mais utilizadas em desenho de arquitetura:

» **Linhas contínuas grossas:** 0,6 ou 0,7 mm, linhas de contorno;

» **Linhas contínuas médias:** 0,4 ou 0,5 mm, linhas internas, linhas de indicação e chamada;

» **Linhas contínuas finas:** 0,2 ou 0,3 mm, linhas internas, linhas de cota, linhas auxiliares;

» **Linhas tracejadas:** 0,4 ou 0,5 mm, linhas situadas além do plano do desenho;

» **Linhas traço e ponto:** 0,2 ou 0,3 mm, linhas de eixo ou coordenadas.

A Figura 3.11 apresenta alguns tipos de hachuras utilizados em desenho técnico.

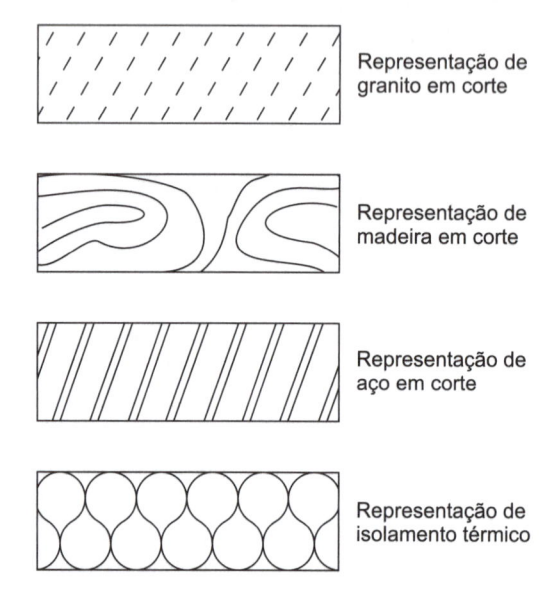

Figura 3.11 – Quatro tipos de hachuras para materiais em corte.

3.2 Tipos de cotas

As cotas são informações muitos importantes nos desenhos técnicos. Através das cotas podemos saber a exata medida dos elementos representados nos desenhos técnicos.

A norma NBR 10.126:1987 – Cotagem em desenho técnico, fixa os princípios gerais de cotagem a serem aplicados em todos os desenhos técnicos.

A representação de um objeto em desenho técnico vai muito mais além da descrição da sua forma e passa, também, pela informação rigorosa das suas dimensões.

A cotagem utilizando linha e valor numérico representa uma medida existente entre dois pontos, por exemplo, o comprimento de uma peça.

Os elementos de cotagem são: linhas de chamada (linhas perpendiculares finas contínuas que partem do elemento a cotar); linha de cota (linha fina posicionada paralelamente ao elemento); setas – início e término da medida indicados por setas (Figura 3.12), indicados por retas a 45 graus

(Figura 3.13), indicados por pontos (Figura 3.14); e cota (valor da dimensão do elemento cotado, ou seja, a unidade de medida linear).

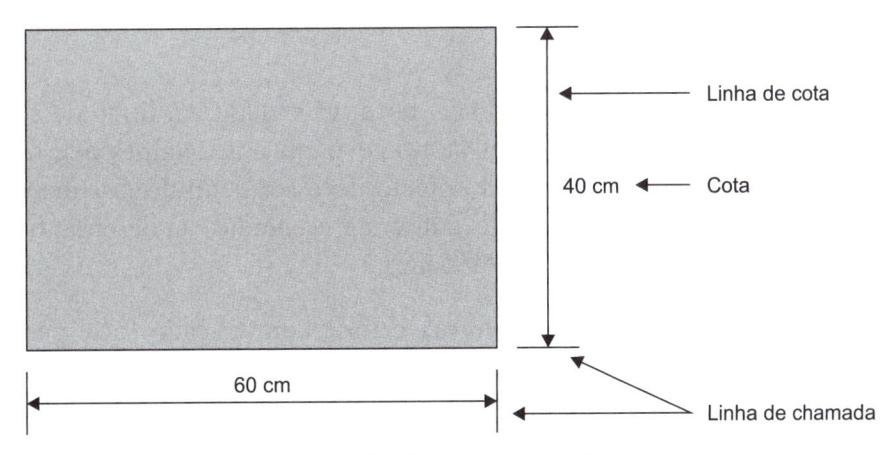

Figura 3.12 – Linha de cota terminando por setas.

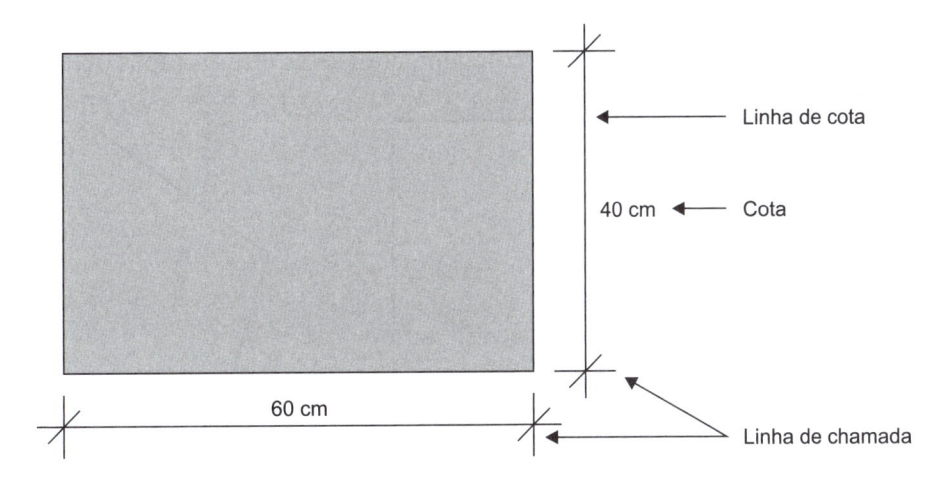

Figura 3.13 – Linha de cota terminando por retas a 45 graus.

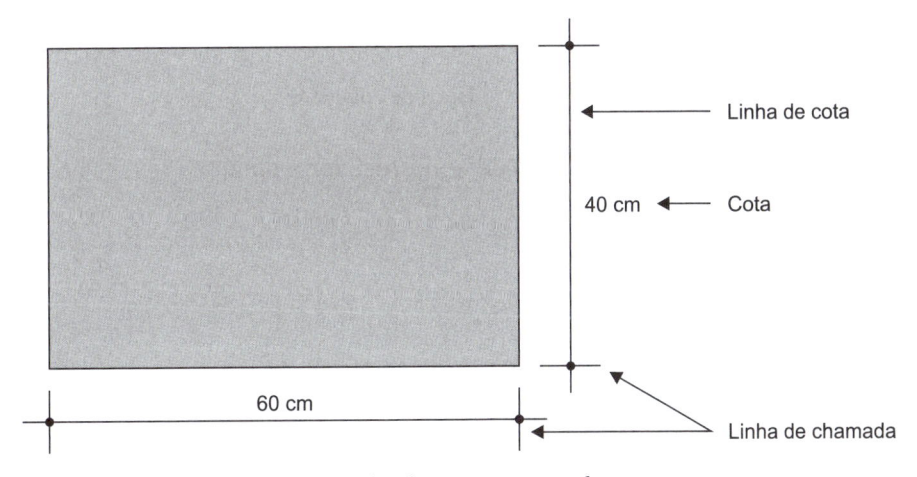

Figura 3.14 – Linha de cota terminando por pontos.

A indicação dos limites da linha de cota deve ter o mesmo tamanho em um mesmo desenho e é feita por meio de setas cheias (desenho mecânico) ou por traços oblíquos ou pontos (desenho arquitetônico). As cotas indicadas no desenho são sempre as cotas reais do elemento, qualquer que seja a escala utilizada.

O cruzamento das linhas de cota e auxiliares deve ser evitado e a linha de cota não deve ser interrompida. A cota deve ser localizada na vista, no corte ou nos detalhes que representem mais claramente o elemento. Nunca um elemento do objeto deve ser definido por mais de uma cota, e deve-se cotar somente o necessário. As cotas devem ser apresentadas em desenho ou caracteres com tamanho suficiente para garantir completa legibilidade.

A marcação do corte deve ser feita de forma clara e com traçado forte para evitar dúvidas sobre sua localização. A linha de corte termina com traço e ponto grosso e com a indicação do corte.

A cotagem de elementos equidistantes pode ser simplificada. E a cotagem de elementos repetidos; se for possível definir a quantidade de elementos de mesmo tamanho, pode ser feita uma única vez.

A Figura 3.15 apresenta os dois tipos de cotagem, com setas e com traços oblíquos.

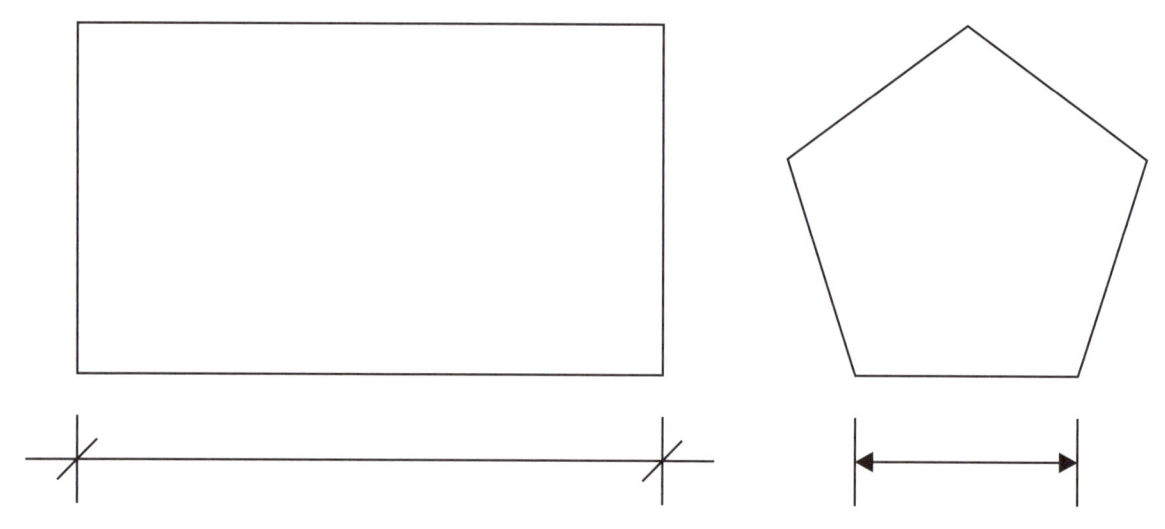

Figura 3.15 – Tipos de cotagem.

Os símbolos de diâmetro e de quadrado devem preceder a cota:

» Ø = Diâmetro;

» Ø ESF = Diâmetro esférico;

» R = Raio;

» R ESF = Raio esférico;
Quadrado.

A Figura 3.16 apresenta uma planta de andar tipo com cotas de medidas de arquitetura.

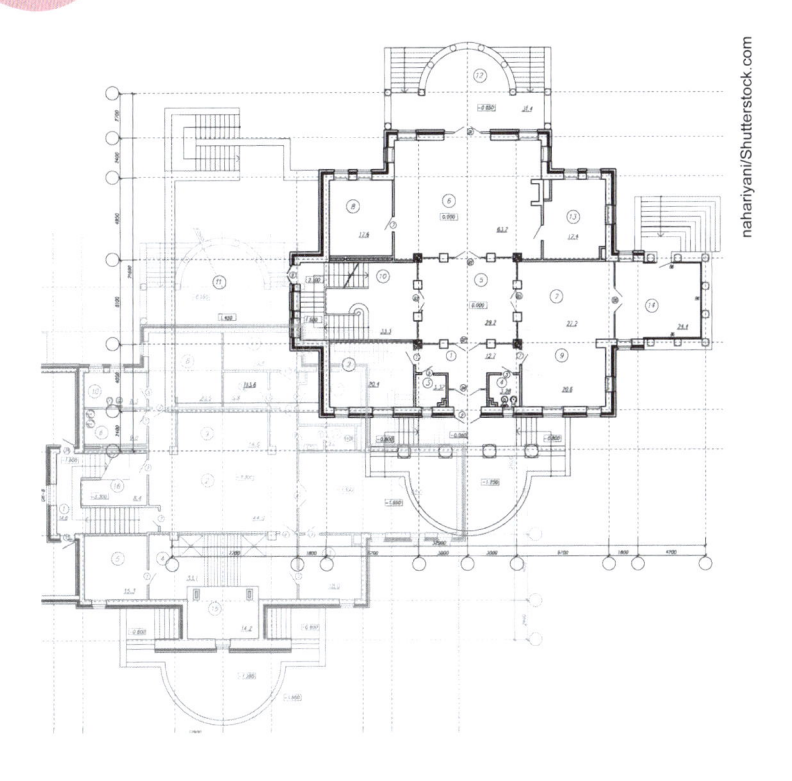

Figura 3.16 – Planta de andar tipo.

3.3 Tipos de perspectivas

No campo da engenharia, o desenho técnico é uma ferramenta de trabalho imprescindível, que acompanha o desenvolvimento de um novo objeto ou edificação. Isso ocorre desde a sua fase inicial de concepção e projeto, passando pela fase de construção e chegando até a fase de entrega e disponibilidade no mercado consumidor.

A norma NBR 10.647:1989 – Desenho Técnico – tem por objetivo definir os tipos de desenho (projetivos e não projetivos), o grau de elaboração (esboço, croqui, desenho preliminar, desenho definitivo), de pormenorização (desenho de componente, de conjunto, detalhe), o material utilizado para a execução do desenho e a técnica de execução.

O desenho projetivo é resultante de projeções do objeto sobre um ou mais planos que fazem coincidir com o próprio desenho.

A palavra perspectiva veio da palavra latina *perspicere*, que significa "ver através de". Isso significa que se colocarmos um vidro entre nosso olho e um objeto poderemos desenhar o objeto no vidro.

Portanto, perspectiva é uma representação gráfica que mostra os objetos como eles aparecem à nossa visão.

As perspectivas são figuras resultantes de projeção cônica ou cilíndrica sobre um único plano, com a finalidade de permitir uma percepção mais fácil da forma do objeto.

A utilização das perspectivas no desenho técnico deve-se à possibilidade de complementar a informação dada pelas projeções. Isso permite compreensão melhor e mais rápida da geometria do elemento e uma ilustração dos pormenores de geometria.

Os principais tipos de perspectivas são apresentados na Figura 3.17.

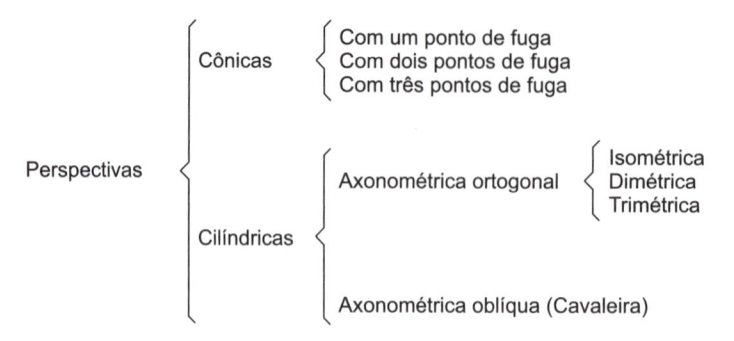

Figura 3.17 – Principais tipos de perspectivas.

3.3.1 Perspectivas cônicas

São projeções de objetos realizadas em um único plano de projeção, considerando o observador situado a uma distância finita do plano de projeção. O local onde está situado o observador é denominado ponto de vista ou ponto de fuga.

As linhas de observação que saem do observador e tangenciam o objeto, indo até o plano de projeção, são denominadas projetantes. As projetantes formam um cone de projeção, que tem eixo perpendicular ao plano de projeção (Figura 3.18).

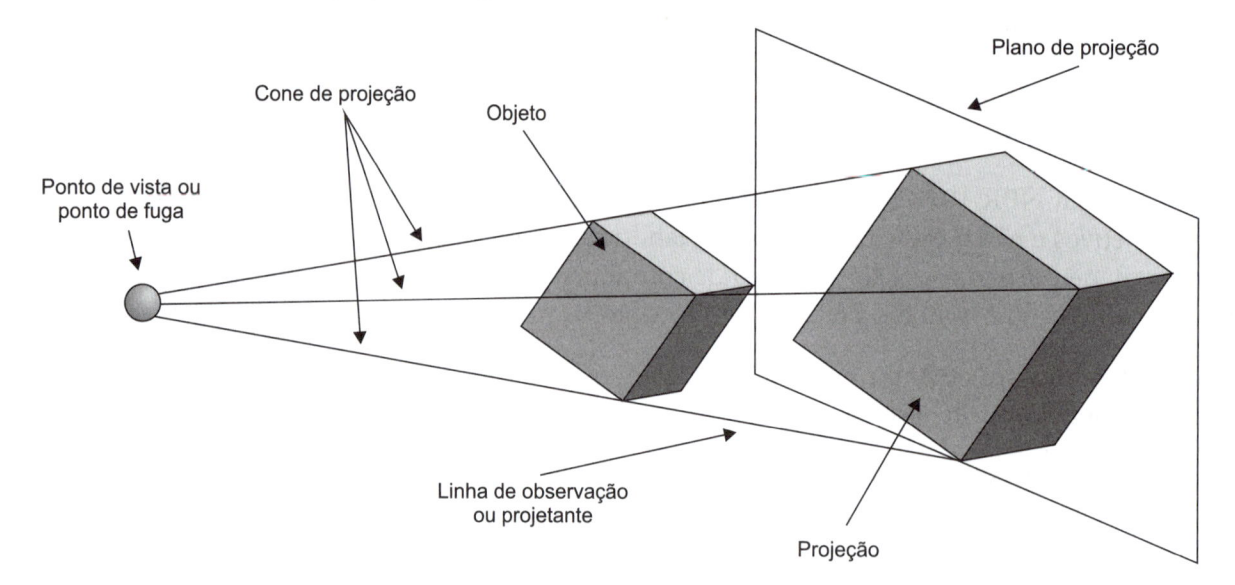

Figura 3.18 – Perspectiva cônica.

Perspectiva cônica com um ponto de fuga

Essa perspectiva possui apenas um cone de projeção (Figura 3.19).

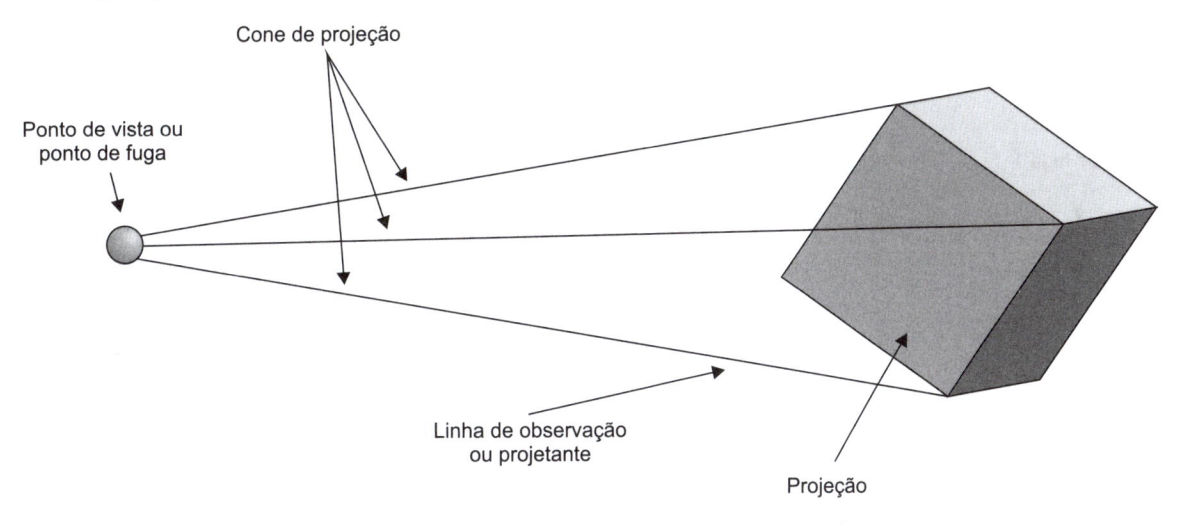

Figura 3.19 – Perspectiva cônica com um ponto de fuga.

Perspectiva cônica com dois pontos de fuga

Essa perspectiva possui dois cones de projeção (Figura 3.20).

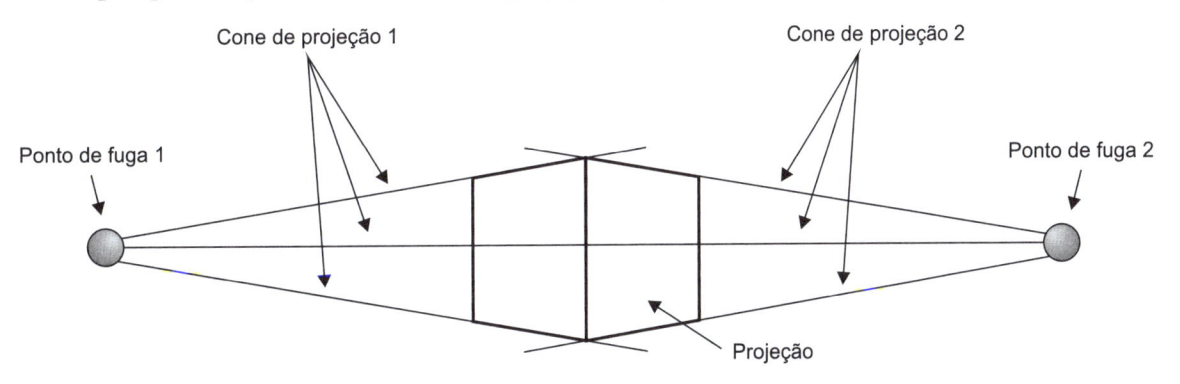

Figura 3.20 – Perspectiva cônica com dois pontos de fuga.

Perspectiva cônica com três pontos de fuga

Essa perspectiva possui três cones de projeção (Figura 3.21).

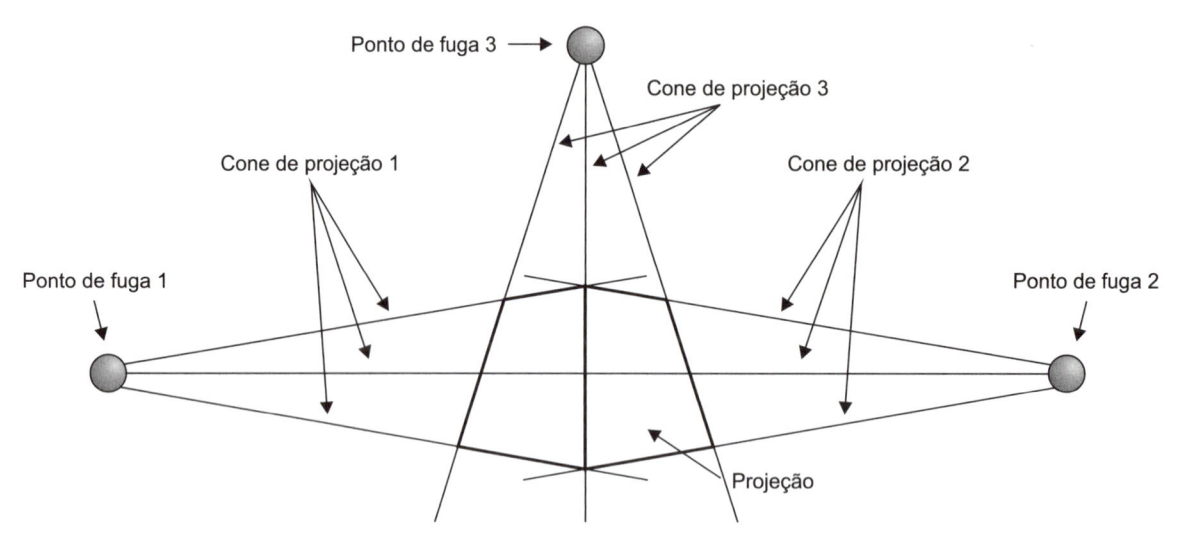

Figura 3.21 – Perspectiva cônica com três pontos de fuga.

3.3.2 Perspectivas cilíndricas

São projeção de objetos onde o observador está a uma distância infinita do plano de projeção. O local onde está situado o observador é denominado ponto impróprio, por isso os raios projetantes são paralelos e representam uma direção (Figura 3.22).

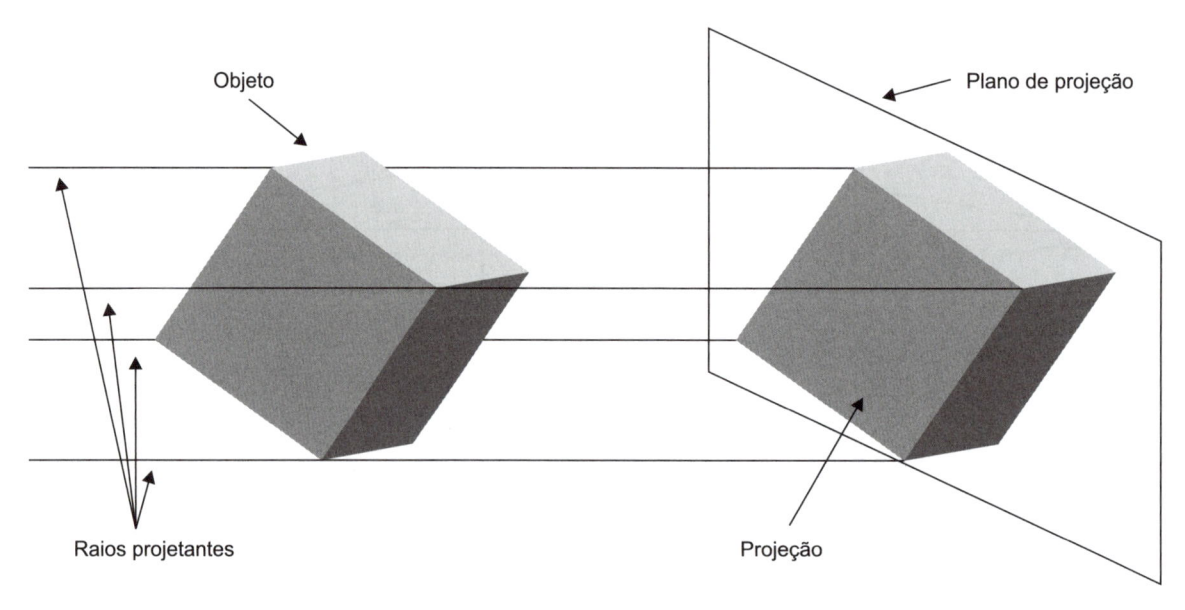

Figura 3.22 – Perspectiva Cilíndrica.

As perspectivas cilíndricas axonométricas ocorrem quando a direção dos raios projetantes é ortogonal ao plano de projeção. Nesse caso, ocorre uma projeção cilíndrica ortogonal.

Essa perspectiva é semelhante à perspectiva cônica com dois pontos de fuga.

Conforme os ângulos do triedro objetivo as perspectivas cilíndricas axonométricas ortogonais podem ser isométricas, dimétricas ou trimétricas.

Perspectiva cilíndrica axonométrica isométrica

Também denominada perspectiva isométrica, nela os três eixos principais (x, y, z) formam ângulos iguais entre si com o plano de projeção (120°). Esta perspectiva é a de execução mais simples, porque utiliza apenas uma única escala de redução (Figura 3.23).

A perspectiva isométrica é uma representação muito próxima do objeto projetado.

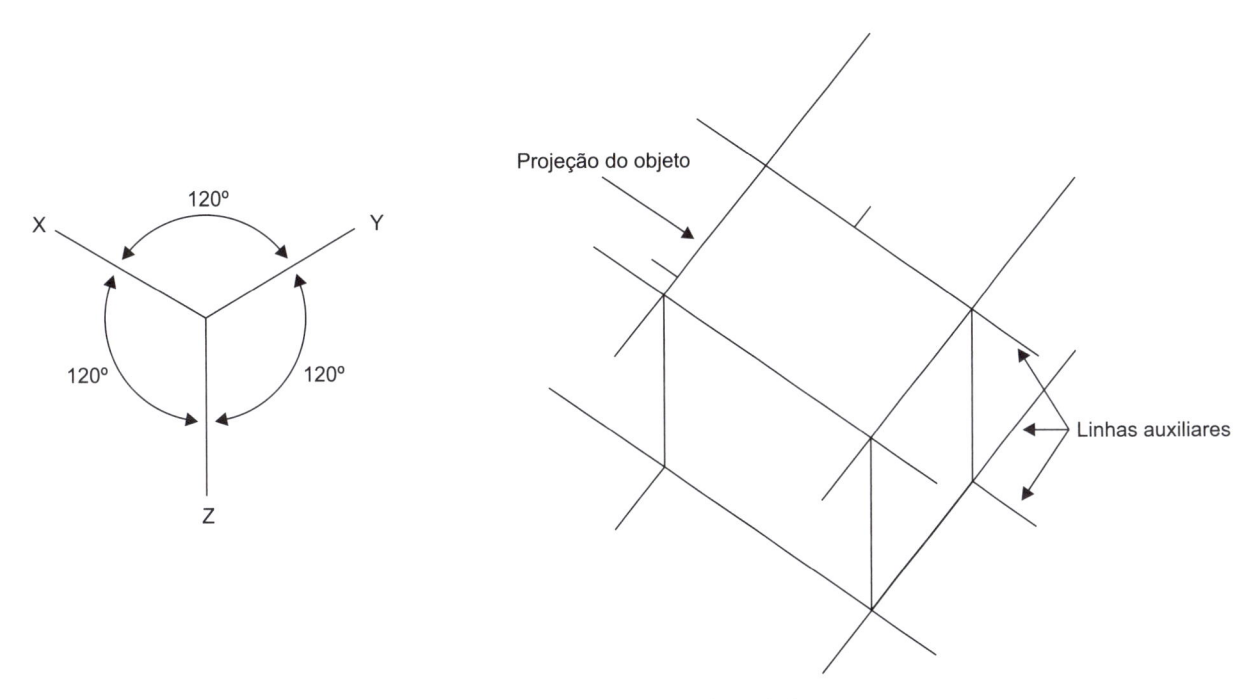

Figura 3.23 – Perspectiva isométrica.

Perspectiva cilíndrica axonométrica dimétrica

Também denominada perspectiva dimétrica, nela apenas dois eixos formam ângulos iguais entre si (β^0) (Figura 3.24).

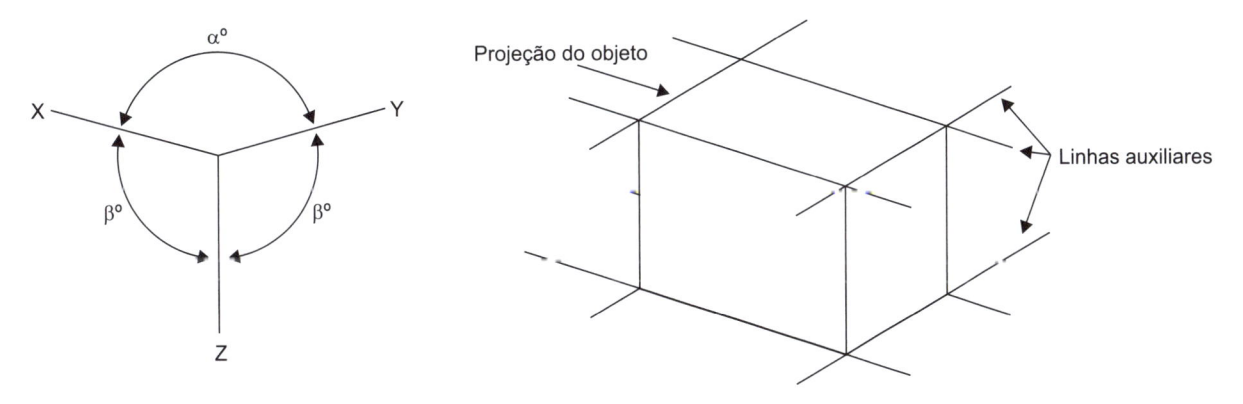

Figura 3.24 – Perspectiva dimétrica.

Perspectiva cilíndrica axonométrica trimétrica

Também denominada perspectiva trimétrica, nela os eixos formam ângulos diferentes entre si $(\alpha^0, \beta^0, \gamma^0)$ (Figura 3.25).

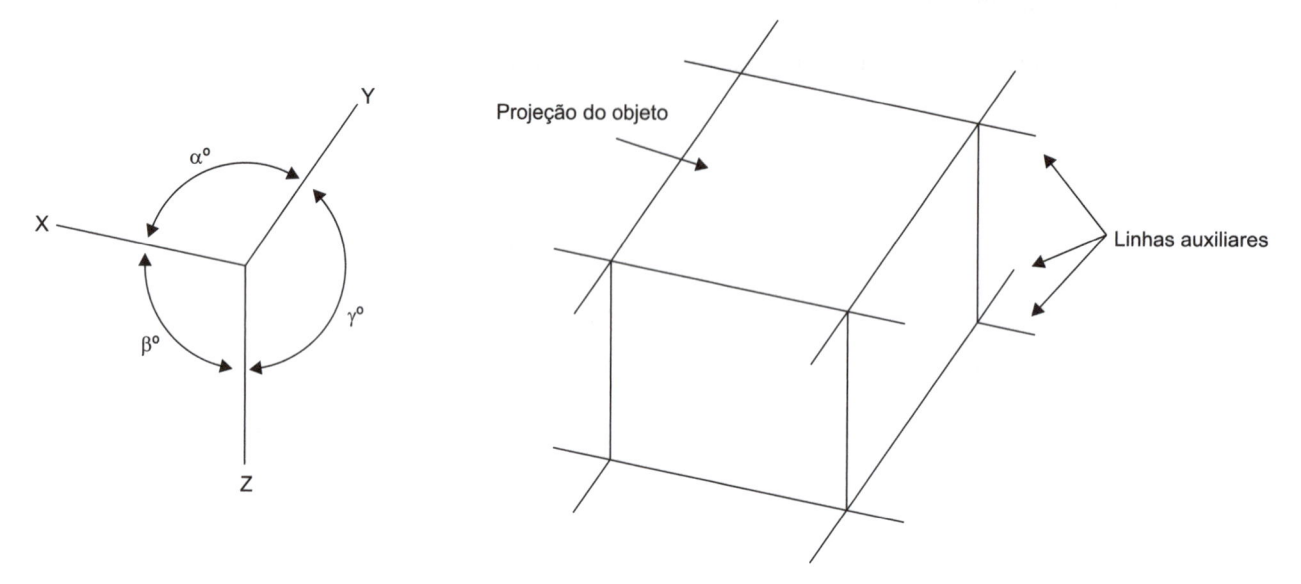

Figura 3.25 – Perspectiva trimétrica.

Perspectiva cilíndrica axonométrica oblíqua

Também denominada perspectiva cavaleira, possui uma face paralela ao plano de projeção. Assim, ela possui dois eixos formando um ângulo de 90°. Nela, os objetos são representados em perspectiva, como seriam vistos por um observador situado no infinito. A face frontal do objeto projetado fica paralela ao plano de projeção, ficando com as dimensões do tamanho do objeto real, sem deformações desta face. A profundidade do objeto é deformada conforme o ângulo utilizado na projeção.

A perspectiva cavaleira é utilizada quando o objeto a ser projetado possui uma das faces mais complexa.

O coeficiente de redução é apresentado na Tabela 3.1. Por exemplo, para um ângulo $\beta 0$ de 45° as medidas segundo esta direção devem ser metade das medidas reais de forma a representar mais fielmente o objeto projetado.

Tabela 3.1 – Coeficientes de redução da escala dos eixos.

Ângulos (β^0)	Coeficiente de Redução da Escala dos Eixos		
	Largura	Altura	Profundidade
Perspectiva Cavaleira 300	1	1	2/3
Perspectiva Cavaleira 450	1	1	1/2
Perspectiva Cavaleira 600	1	1	1/3

Fonte: Miceli, Ferreira, 2010

A Figura 3.26 apresenta uma representação da perspectiva cavaleira.

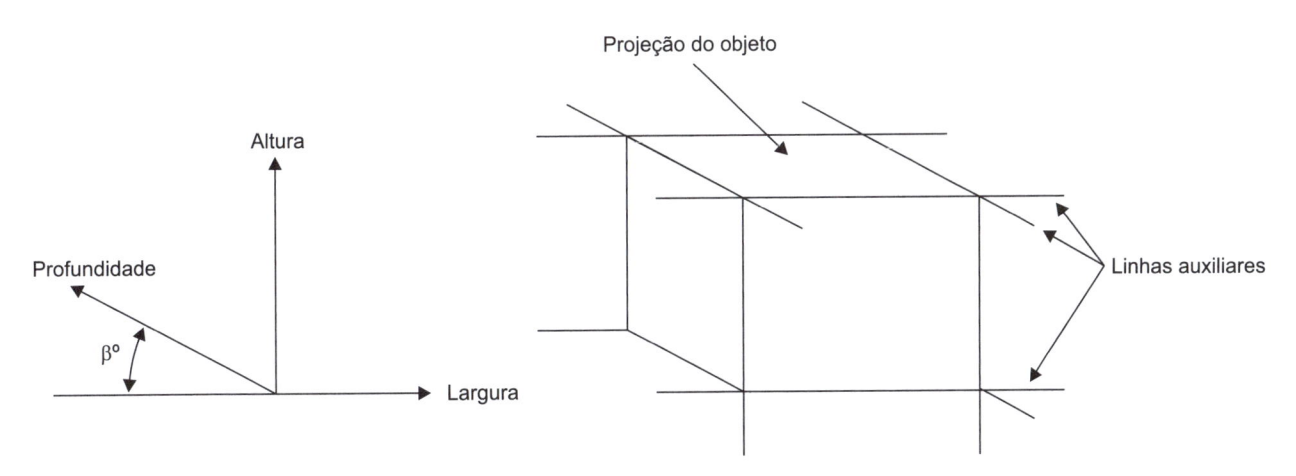

Figura 3.26 – Perspectiva cavaleira.

Como visto, a utilização da perspectiva é muito importante para representar objetos. Os objetos podem ser simples ou ter alto grau de complexidade, como no caso da representação de objetos de grandes dimensões, como no caso da arquitetura (Figura 3.27).

(a)

(b)

Figura 3.27 – Perspectivas de edificações.

gwycech/Shutterstock.com

3.4 Tipos de vistas

Nas perspectivas existem faces de objetos que são projetadas de forma oblíqua (inclinada). Assim, elas não são representadas nas perspectivas com sua verdadeira grandeza. Portanto, as medidas dessas faces são deformadas, o que dificulta a compreensão do objeto projetado através do desenho.

A projeção ortográfica permite simplificar a representação e a interpretação de desenhos. As vistas ortográficas são figuras resultantes de projeções cilíndricas ortogonais do objeto para a exibição de detalhes.

Projeção ortográfica de elementos oblíquos em verdadeira grandeza

No desenho técnico, os modelos devem ser representados em posição que permita analisar todos os elementos de suas faces. Algumas vezes, além dos planos de projeção horizontal e vertical, é necessário utilizar um plano de projeção auxiliar (Figura 3.28).

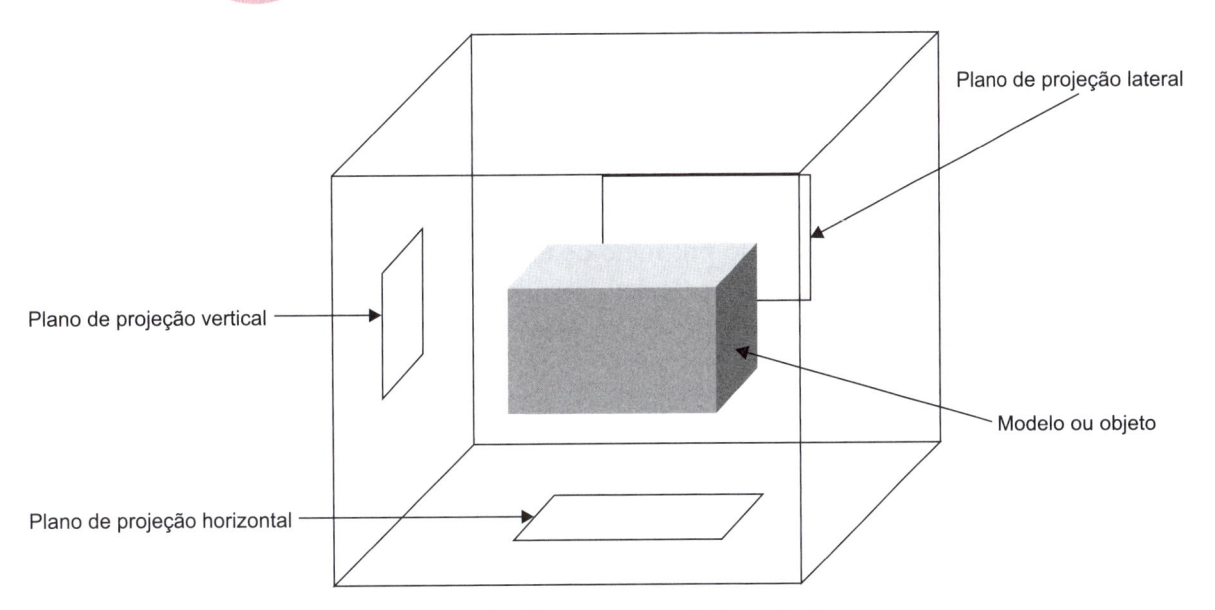

Figura 3.28 – Planos ortogonais de projeção.

No plano de projeção vertical fica a vista frontal, no plano de projeção horizontal fica a vista superior e no plano de projeção lateral fica a vista lateral.

Rebatimento dos planos de projeção

No rebatimento dos planos de projeção, o plano de projeção vertical fica fixo, o plano de projeção horizontal gira para baixo e o plano de projeção lateral gira para a direita (Figura 3.29).

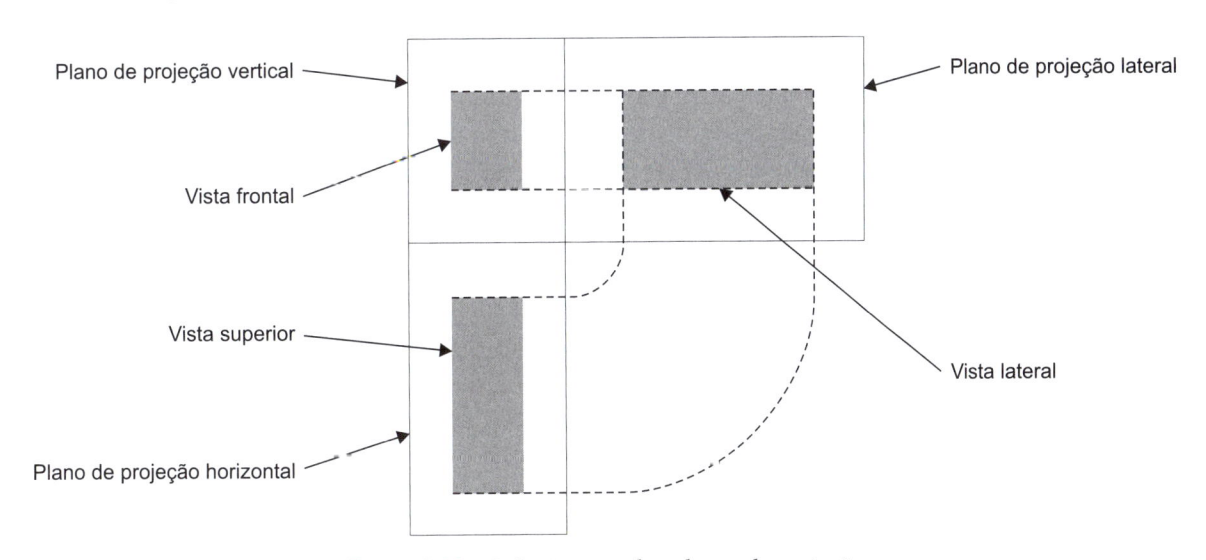

Figura 3.29 – Rebatimento dos planos de projeção.

3.5 Tipos de cortes

A representação de um modelo em corte significa imaginar a peça seccionada por um ou mais planos. O corte tem como objetivo mostrar os detalhes internos de um modelo ou de uma peça. A representação em corte é normatizada pela NBR 10.067:1995.

O plano de corte deve ser indicado por meio de uma linha estreita, traço-ponto, tendo em sua extremidade um traço largo. O plano de corte deve ser identificado com letras maiúsculas e o ponto de vista deve ser indicado por meio de setas. As regiões em que a peça foi cortada devem ser asssinaladas por meio de hachuras. As hachuras devem seguir a representação de materiais em corte presente na NBR 12.298:1993 (Figura 3.30).

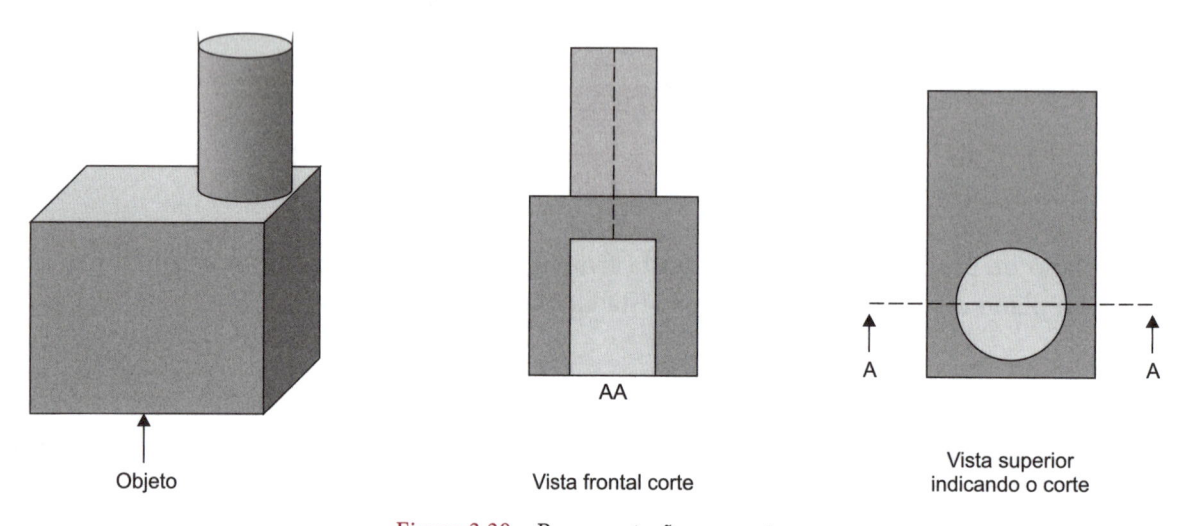

Figura 3.30 – Representação em corte.

O corte pode ser total quando ele atinge a peça em toda sua extensão. O corte total é denominado corte reto quando o plano secante é constituído de uma única superfície. Se o plano secante for constituído de mais de uma superfície, o corte total é denominado corte em desvio ou corte composto. Em peças simétricas é possível realizar o meio corte, onde a vista em corte representará simultaneamente a forma externa e interna da peça, com o eixo de simetria separando o lado cortado do lado não cortado.

O corte parcial, ou rupturas, ocorre quando apenas uma parte da peça é cortada com o objetivo de mostrar algum detalhe interno da peça.

A planta baixa das edificações, utilizada em construção civil, é um corte realizado com um plano horizontal secante, situado a 1,00 metro de altura (Figura 3.31).

Figura 3.31 – Planta baixa de edificações.

Lembre-se

O desenho é uma representação de objetos. Para realizar um bom desenho são importantes os primeiros passos. Saiba mais cm: <http://www.abnt.org.br>

Amplie seus conhecimentos

Geralmente, na área de construção civil são importantes os desenhos como, planta baixa de cada pavimento, cortes longitudinais e transversais, vista frontal da edificação, perfil do terreno e gradil.

Vamos recapitular?

Vimos neste capítulo a importância das linhas e a arte de desenhar para a vida do homem. Foram apresentados os tipos de linhas e de cotas para desenho técnico. Também foram apresentados os diversos tipos de representações de objetos, como os desenhos em perspectivas, tipos de vistas e de cortes em desenhos técnicos.

Agora é com você!

1) Comente os tipos e espessuras de linhas para desenho de arquitetura.

2) Comente as cotas e os elementos de cotagem em desenho técnico.

3) Cite os principais grupos de perspectivas.

4) Comente o objetivo da realização de cortes em desenho técnico.

Sistemas de Coordenadas

Para começar

Este capítulo tem como objetivo apresentar os sistemas de coordenadas. É apresentada a importância da localização de um ponto nos espaços unidimensionais, bidimensionais e tridimensionais. É ainda apresentado o sistema de coordenadas retangulares, de coordenadas oblíquas e de coordenadas polares. Também são apresentados os sistemas de coordenadas cilíndricas e esféricas.

4.1 Determinação da localização de pontos

O homem, em cada época de sua existência, sempre procurou referenciais para obter sua posição em relação a outras posições conhecidas.

Os sistemas de coordenadas que conhecemos hoje em dia, procuram estabelecer correspondências entre pontos geométricos e número reais. Esses sistemas de localização são muito utilizados, por exemplo, para a determinação das propriedades geométricas, como a área da uma superfície ou a equação da curva de uma estrada.

Podemos ter sistemas de localização unidimensionais, bidimensionais e tridimensionais.

4.1.1 Sistema de localização unidimensional

Este sistema unidimensional de coordenadas também é chamado sistema linear. Nesse sistema, os pontos estão no espaço unidimensional, isto é, estão localizados sobre uma reta.

Para localizar os pontos sobre uma reta, é necessário dar-lhe uma orientação positiva. Se a reta for horizontal, a orientação positiva geralmente é da esquerda para a direita. Deve-se marcar um ponto fixo sobre a reta, que é designado como sendo a origem do sistema orientado. A linha da reta orientada é denominada eixo. A distância de um ponto P qualquer à origem é definida como sendo um valor X relacionado com a unidade de medida de comprimento adotada para a escala do eixo. Assim, se o ponto P está à direita da origem, o valor X será positivo; caso esteja à esquerda da origem ele será negativo.

No caso da Figura 4.1, a origem (O) tem coordenada zero. O ponto P está situado a uma distância X_1 positiva em relação à origem (O), significando que ele está à direita da origem (O). O ponto Q está situado a uma distância X_2 negativa em relação à origem (O), significando que ele está à esquerda da origem (O). O ponto A está na posição 1, significando que ele está a uma unidade de medida à direita da origem (O). O ponto B está na posição -2, significando que ele está duas unidades de medida à esquerda da origem (O).

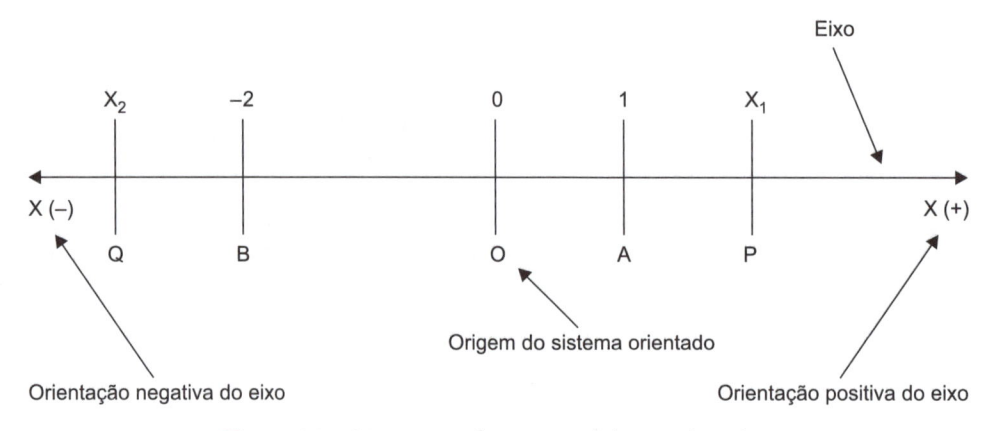

Figura 4.1 – Sistema unidimensional de coordenadas.

No caso de realizar notação matemática, a posição de um ponto genérico é P (X), onde P é a representação geométrica, ou gráfica, do número real X. A coordenada X é a representação analítica de P.

Existe uma correspondência biunívoca entre o ponto geométrico P e o número real X, isto é, a cada número real corresponde um e um único ponto sobre o eixo, e a cada ponto sobre o eixo corresponde um e único número real. A reta assim obtida, denominada reta real, é a representação geométrica do conjunto dos números reais (R).

No caso da Figura 4.1, os pontos indicados seriam representados como: O (0); P (X_1); Q (-X_2); A (1) e B (-2).

4.1.1.1 Comprimento de segmento retilíneo orientado

No sistema linear de coordenadas apresentado na Figura 4.2, o comprimento de um segmento retilíneo orientado PQ será positivo e determinado pelas coordenadas dos dois pontos dados P (X_1) e Q (X_2). Ele é obtido subtraindo-se a coordenada do ponto inicial P da coordenada da extremidade Q: PQ = $X_2 - X_1$. Também o comprimento de um segmento retilíneo orientado RS será negativo e determinado pelas coordenadas dos dois pontos dados R (X_3) e S (X_4). Ele é obtido subtraindo-se a coordenada do ponto inicial R da coordenada da extremidade S: RS = $X_4 - X_3$.

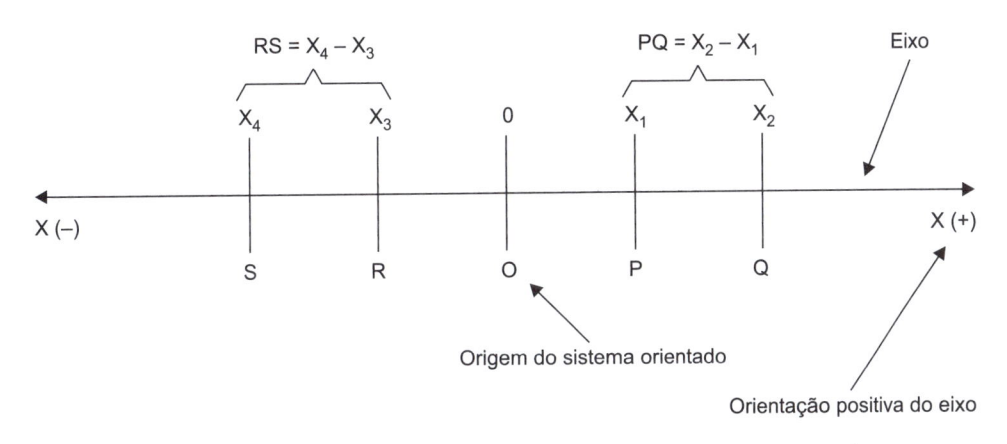

Figura 4.2 – Cálculo de comprimento de segmento retilíneo orientado.

4.1.1.2 Distância entre dois pontos no sistema linear

A distância (D) entre dois pontos dados P (X_1) e Q (X_2) é o valor absoluto do comprimento do segmento retilíneo determinado pelos pontos P e Q: D = |PQ| = $|X_2 - X_1|$.

Assim, a distância (D) entre os dois pontos dados R (X_3) e S (X_4) é o valor absoluto do comprimento do segmento retilíneo determinado pelos pontos R e S: D = |RS| = $|X_4 - X_3|$.

4.1.2 Sistema de localização bidimensional

Este sistema bidimensional de coordenadas permite que um ponto possa se mover para todas as posições do plano. O sistema está localizado no espaço bidimensional.

Para se localizar um ponto no plano, é necessário um sistema de coordenadas, por exemplo, o sistema de coordenadas cartesianas retangulares ou sistema de coordenadas ortogonais (Figura 4.3).

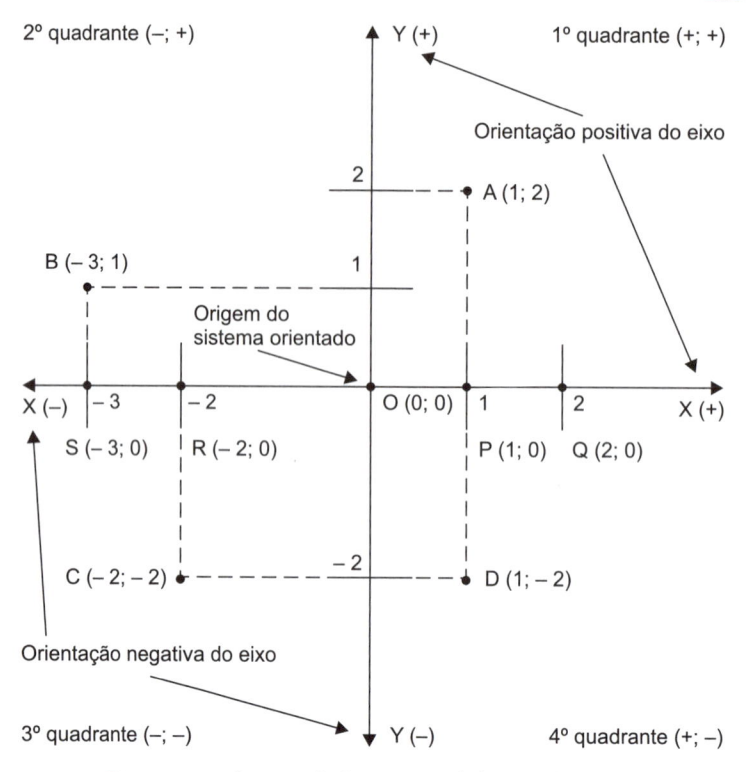

Figura 4.3 – Sistema bidimensional de coordenadas.

No grupo do Sistema de Localização Bidimensional estão três sistemas: Sistema de Coordenadas Retangulares; Sistema de Coordenadas Oblíquas e Sistema de Coordenadas Polares.

4.1.3 Sistema de localização tridimensional

Este sistema tridimensional de coordenadas de um ponto permite que um ponto possa se mover em todas as posições do espaço. Este sistema está localizado no espaço tridimensional.

Para localizar um ponto no espaço, é necessário um sistema de coordenadas, por exemplo, o sistema de coordenadas cartesianas retangulares ou sistema de coordenadas ortogonais no espaço (Figura 4.4).

No grupo do Sistema de Localização Tridimensional estão quatro sistemas: Sistema de Coordenadas Retangulares Tridimensionais; Sistema de Coordenadas Oblíquas Tridimensionais; Sistema de Coordenadas Cilíndricas e Sistema de Coordenadas Esféricas.

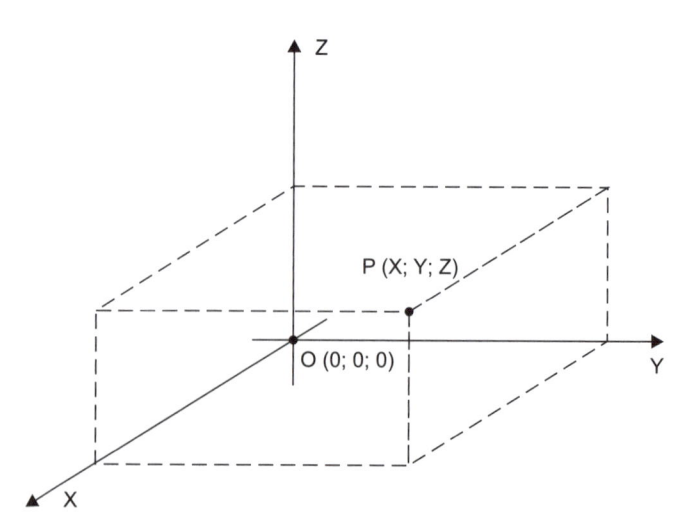

Figura 4.4 – Sistema tridimensional de coordenadas.

4.2 Sistema de coordenadas retangulares

Este sistema bidimensional de coordenadas foi desenvovido pelo matemático francês René Descartes (1596-1650). Ao estudar o movimento de um ponto no plano, ele procurou determinar as propriedades geométricas das curvas associando-as a variáveis em um plano composto por eixos ortogonais. E assim, foi criado o sistema de coordenadas retangulares ou sistema cartesiano. O adjetivo cartesiano deve-se ao fato de que René Descartes assinava seus livros em latim como Renatus Cartesius.

A Figura 4.5 apresenta (a) tabuleiro de xadrez com peças; (b) game online de batalha naval; (c) game online de figuras geométricas que se movimentam; (d) gráfico de terremoto; (e) gráfico de investimentos em ações.

(a)

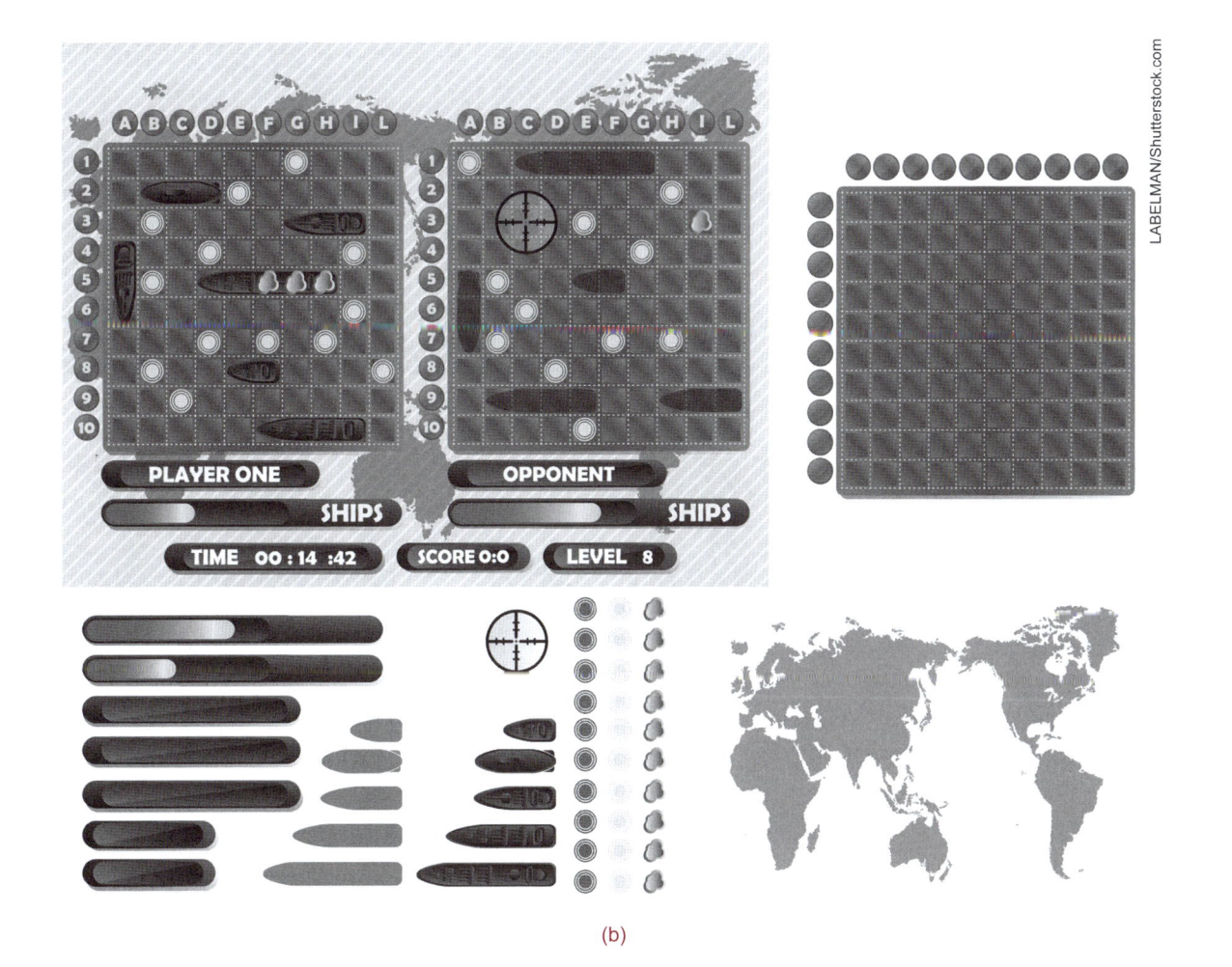

(b)

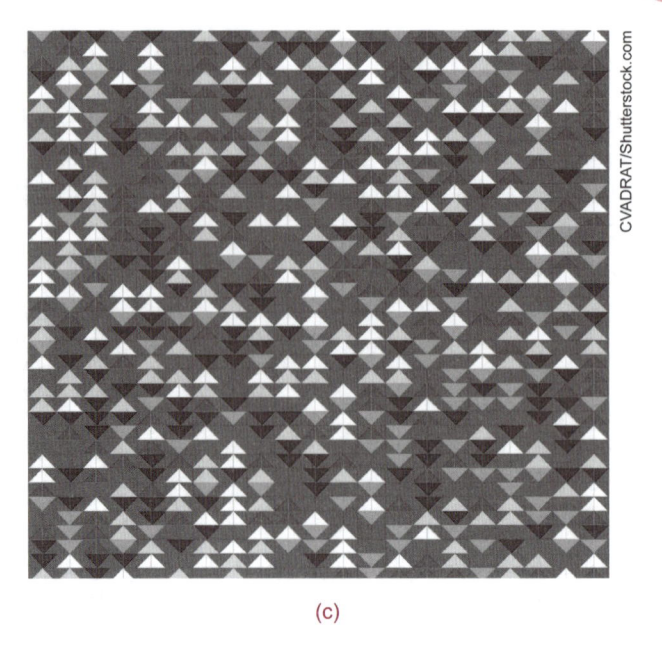

(c)

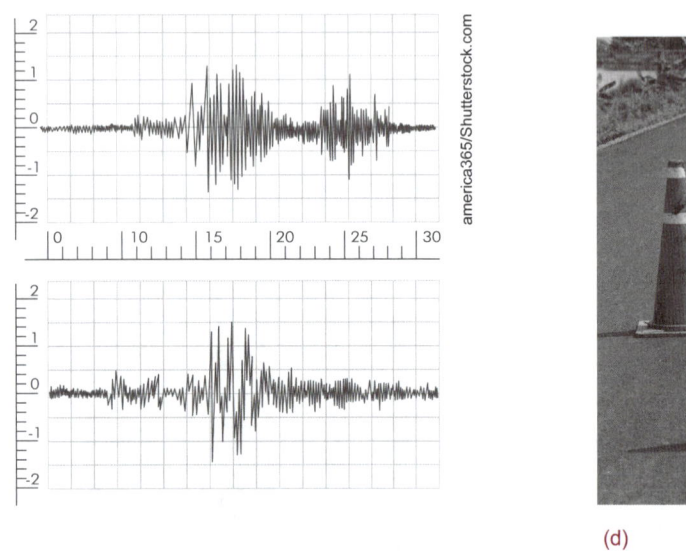

(d)

(e)

Figura 4.5 – (a) xadrez; (b) batalha naval; (c) game; (d) terremoto; (e) gráfico financeiro.

Essas figuras mostram que existe algo em comum entre elas: o uso do plano cartesiano. O plano cartesiano permite facilidade mostrar onde um ponto se localiza no plano. E a união de vários pontos permite confeccionar retas e gráficos. O plano cartesiano é a base de jogos de tabuleiro até os games. Quem nunca jogou xadrez ou brincou de batalha naval onde, falando-se de uma posição envolvendo letras e números, desejava-se descobrir onde estava a frota naval inimiga e com isso afundá-la? E atualmente, quem já não ficou "viciado" nos jogos de celulares do tipo smarthphone, em que peças se movimentam e explodem dentro de um plano cartesiano?

A Figura 4.6 apresenta (a) o francês René Descartes (considerado o pai da matemática e da filosofia moderna). Ele também é autor de várias frases famosas que estão listadas na Figura 4.6 (b).

— "Penso, logo existo".

— "É preferível ter os olhos fechados, sem nunca tentar abri-los, do que viver sem filosofar".

— "A razão e o juízo são as únicas coisas que diferenciam os homens dos animais".

— "Daria tudo que sei em troca da metade de tudo que ignoro".

(a)   (b)

Figura 4.6 – (a) René Descartes, (b) Frases famosas de René Descartes.

Descartes nasceu em La Haye, na província de Touraine, no dia 31 de março de 1596, e morreu na cidade de Estocolmo (Suécia), em 11 de fevereiro de 1650. A Figura 4.7 apresenta (a) a residência onde ele nasceu e (b) onde primeiramente ficou enterrado, no cemitério da igreja de Adolf Frederick, em Estocolmo, na Suécia.

(a)   (b)

Figura 4.7 – (a) Residência de nascimento; (b) Igreja do primeiro sepultamento.

O sistema plano de coordenadas cartesianas é constituído de duas retas perpendiculares sobre um plano. Essas duas retas orientadas são chamadas eixos coordenados. A interseção entre os eixos é denominada origem (ponto O), que pode ser situada em qualquer ponto do plano. Os eixos coordenados dividem o plano em quatro quadrantes, que são numerados no sentido anti-horário (Figura 4.8).

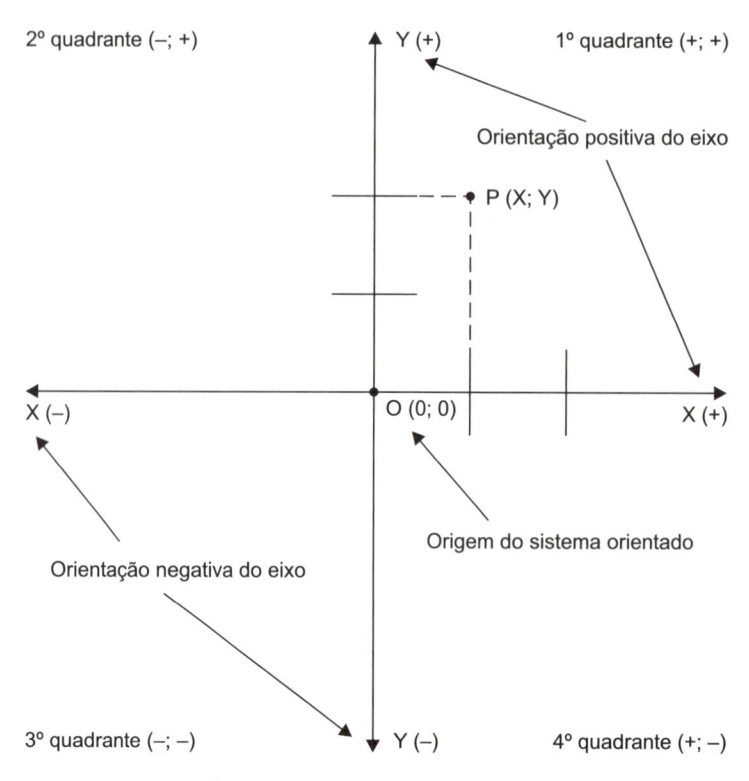

Figura 4.8 – Quadrantes do plano.

A reta horizontal é chamada de eixo x (eixo das abscissas) e a reta vertical de eixo y (eixo das ordenadas). Essas retas se interceptam num ponto (0,0) chamado de origem (O). Uma escala numérica é colocada ao longo de ambos os eixos. Um ponto no plano pode ser representado de modo único no sistema de coordenadas por um par ordenado (x, y), onde x é o primeiro número e y é o segundo.

No par ordenado (x, y), o valor de x é chamado de abscissa ou coordenada x; o valor de y é chamado de ordenada ou coordenada de y; x e y conjuntamente são chamados de coordenadas do ponto P.

O plano cartesiano, além dos eixos x e y, pode ter também um terceiro eixo, z, onde é registrada a profundidade.

A Figura 4.9 apresenta (a) alguns pontos em um eixo cartesiano de duas dimensões; (b) gráfico de barras em duas dimensões. Em (c), softwares de apresentação introduzem uma profundidade nos gráficos; (d), eixo cartesiano em 3 dimensões; (e), gráfico de barras em 3 dimensões.

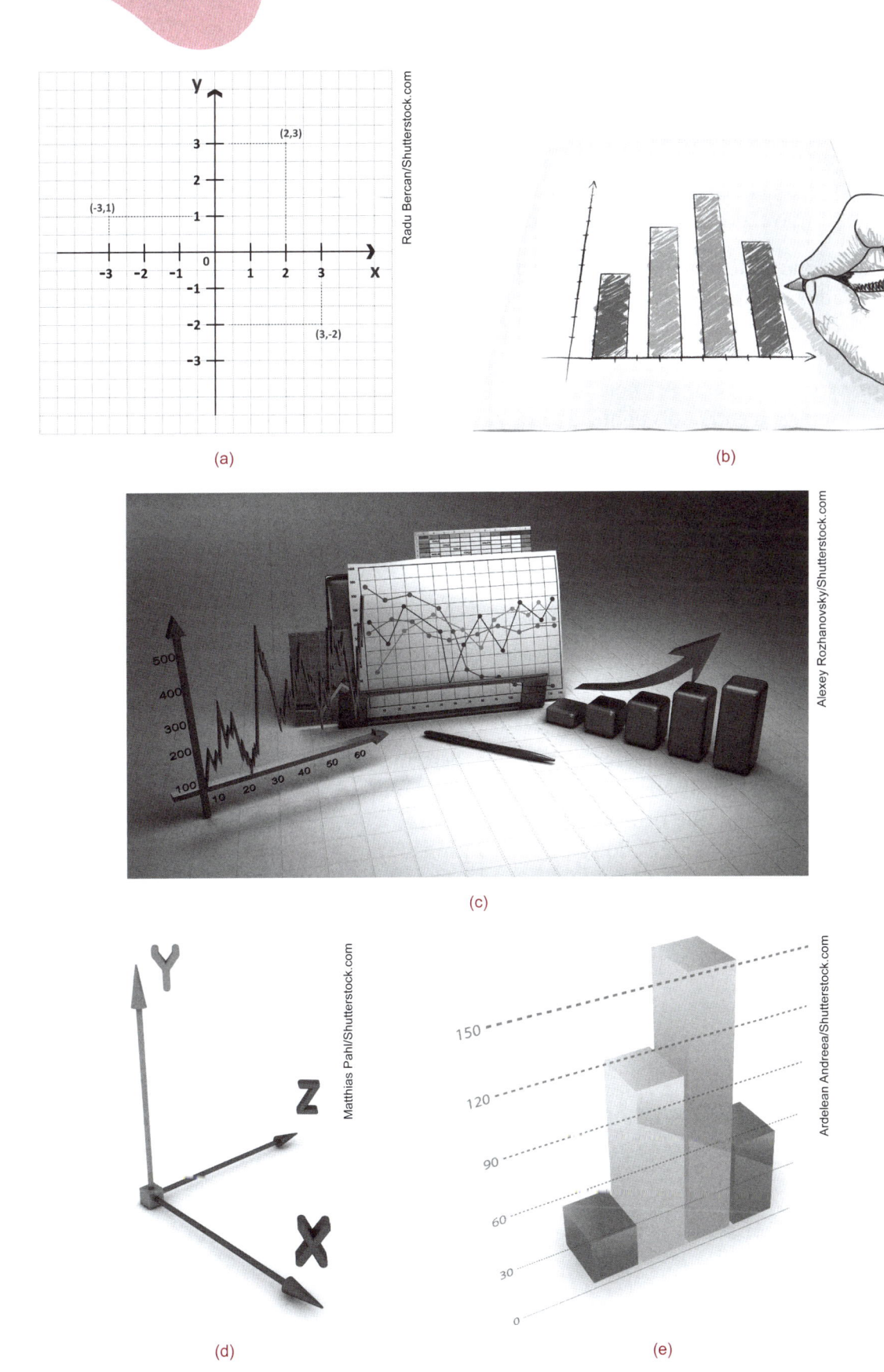

Figura 4.9 – Representações do plano cartesiano em duas e três dimensões.

4.2.1 Distância entre pontos no sistema de coordenadas retangulares

A Geometria foi criada pelos gregos e fundida com a Álgebra em meados do século XVII, dando origem à Geometria Analítica. A distância entre dois pontos é determinada pela Geometria Analítica, responsável por estabelecer relações entre fundamentos geométricos e algébricos.

Definido um sistema de eixos coordenados, cada ponto do plano está associado a um par ordenado. Dados dois pontos, P_1 (x_1, y_1) e P_2 (x_2, y_2), observe que o triângulo formado é retângulo de catetos P_1C e P_2C e hipotenusa P_1P_2. Se aplicarmos o Teorema de Pitágoras nesse triângulo determinando a medida da hipotenusa estaremos também calculando a distância entre os pontos P_1 e P_2. O Teorema de Pitágoras diz: "A soma dos quadrados dos catetos é igual ao quadrado da hipotenusa". Portanto a distância d entre dois pontos P_1 (x_1, y_1) e P_2 (x_1, y_1) no plano é dada por:

$$d = \sqrt{(x_2 - x_1)^2 + (y_2 - y_1)^2}.$$

A Figura 4.10 apresenta os pontos P_1 e P_2 e a distância d entre eles.

A teoria sobre a distância entre eixos pode ser utilizada na prática em diversas áreas. Dois exemplos serão apresentados a seguir, sendo o primeiro nas áreas da engenharia civil, da telefonia e da aeronáutica.

A Figura 4.11 apresenta dados sobre uma determinada cidade. São apresentadas em (a) curvas de níveis, ou seja, curvas de variações que ocorrem no relevo; em (b) a representação em três dimensões do relevo; (c) o profissional que atua nessa área, o topógrafo.

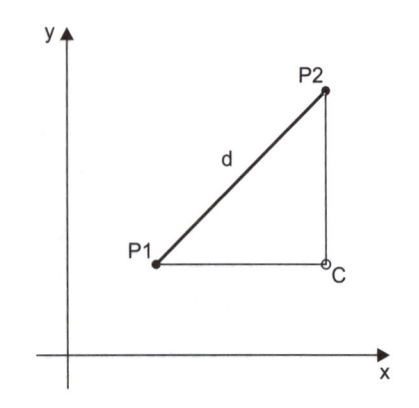

Figura 4.10 – Distância "d" entre pontos.

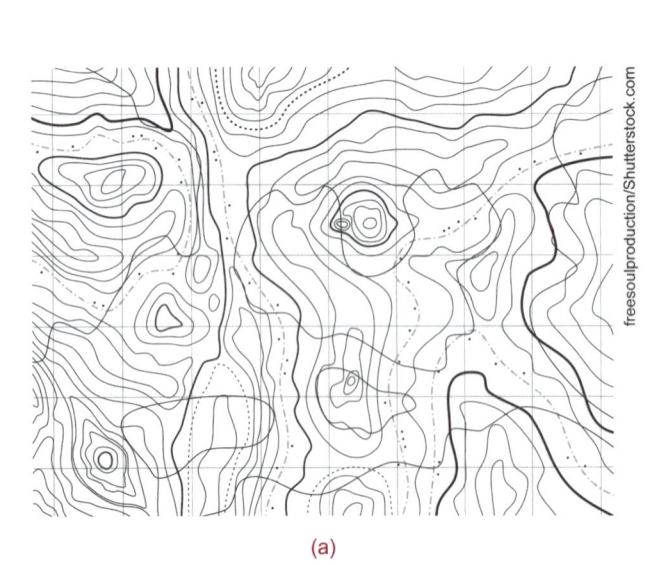

(a)

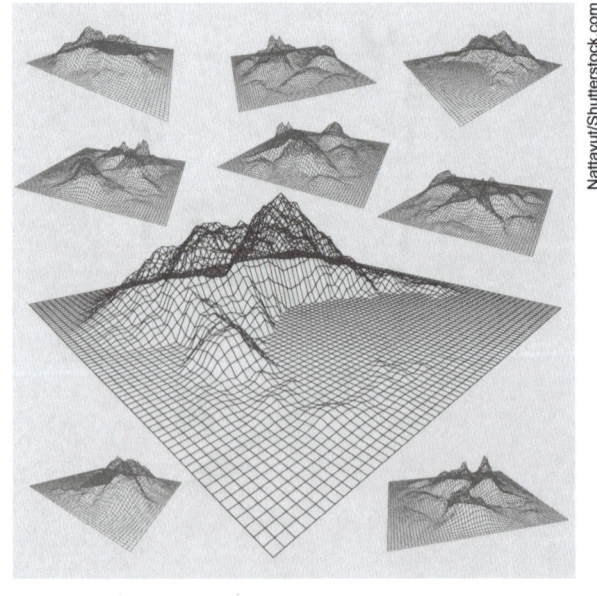

freesoulproduction/Shutterstock.com

Nattavut/Shutterstock.com

(b)

(c)

Figura 4.11 – (a) curvas de nível; (b) relevo em 3D; (c) topógrafo.

Para explicar o outro exemplo, ligado à aeronáutica, é importante visualizar o mapa do mundo e a localização de qualquer ponto do globo terrestre através de latitude e longitude. A longitude é medida ao longo do Equador e representa a distância entre um ponto e o meridiano de Greenwich. Também é medida em graus, podendo ir de 0º a 180º para leste ou para oeste. A latitude é o ângulo entre o plano do Equador à superfície de referência. A Figura 4.12 apresenta (a) o mapa-múndi e (b) as latitudes e longitudes do globo terrestre.

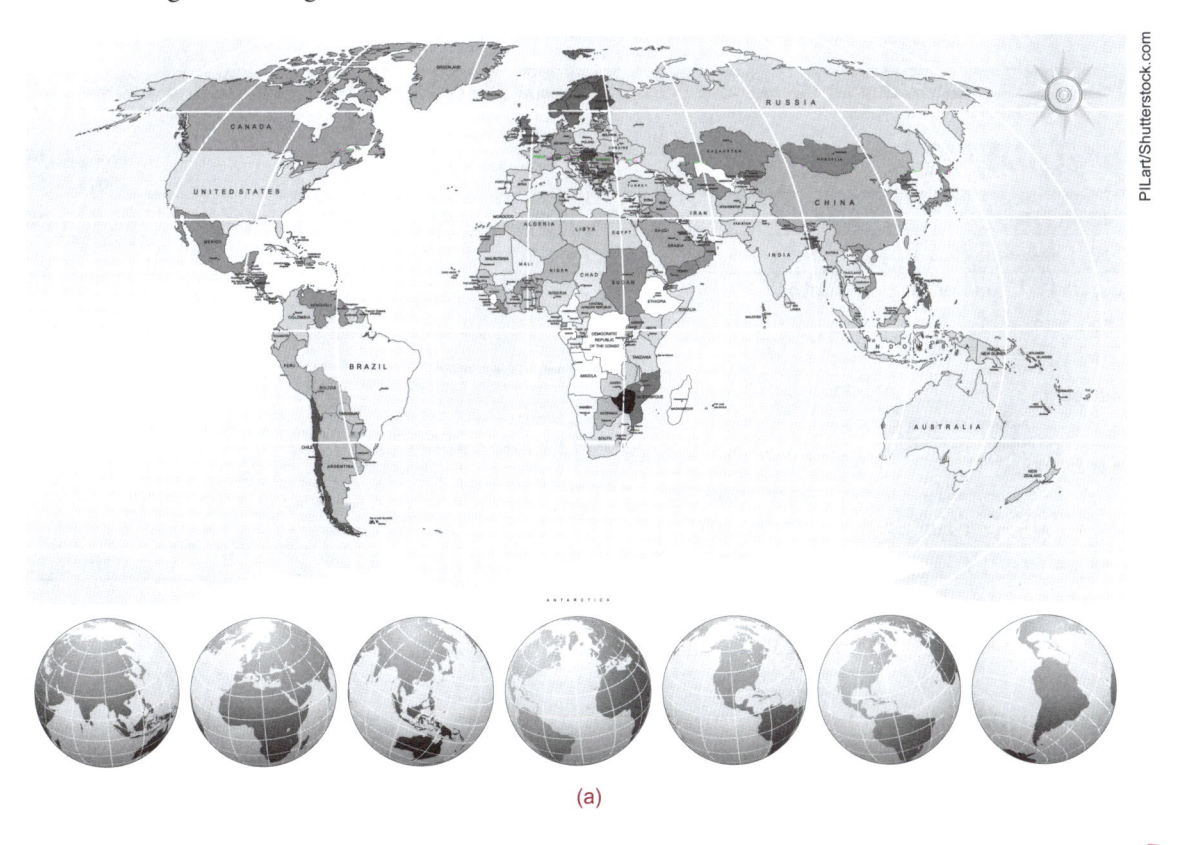

(a)

(b)

Figura 4.12 – (a) mapa-múndi; (b) globo terrestre.

A área de telefonia precisa saber a distância entre duas cidades para efetuar a correta cobrança de uma ligação interurbana. A Figura 4.13 mostra o resultado de uma consulta feita no site da Anatel (Agência Nacional de Telecomunicações). No exemplo da figura estão digitados os nomes das cidades de Manaus e Brasília. Perceba que basta escolher os nomes dos municípios e o site já diz quais são as respectivas latitudes e longitudes e efetua o cálculo da distância. A distância em linha reta entre Manaus e Brasília é de 1941 km (inferior à distância de 3375 km através de rodovias). A figura abaixo apresenta a página com o cálculo efetuado.

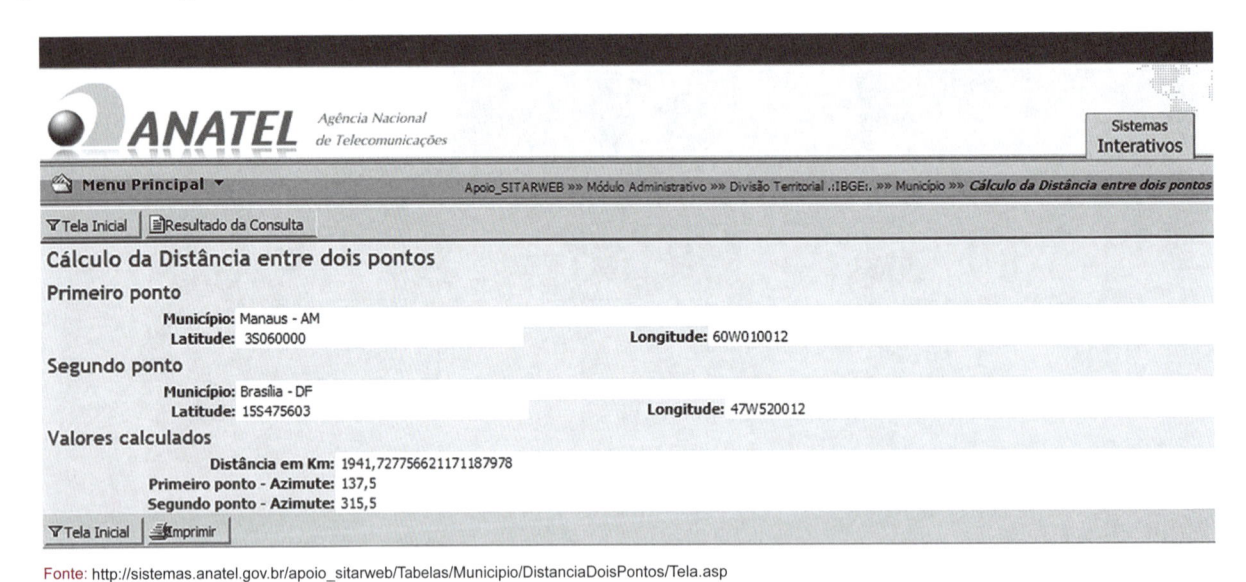

Figura 4.13 – Resultado de consulta feita no site da Anatel.

O último exemplo começa com uma pergunta. Se uma companhia aérea deseja realizar o planejamento de um novo voo partindo da cidade de São Paulo, em qual aeroporto africano deve ser feito o pouso para que seja percorrida a menor distância?

Na Figura 4.14 estão em destaque dois países africanos, Namíbia e Serra Leoa. Se o voo seguisse na direção da mesma latitude da cidade de São Paulo (latitude -23° 32' e 51"; longitude -46° 38' 10"), pousaria no aeroporto de Windhoek (Namíbia). Se a opção fosse buscar um país africano mais próximo à linha do Equador (Serra Leoa), o pouso ocorreria no aeroporto de Freetown/Lungi.

(a)

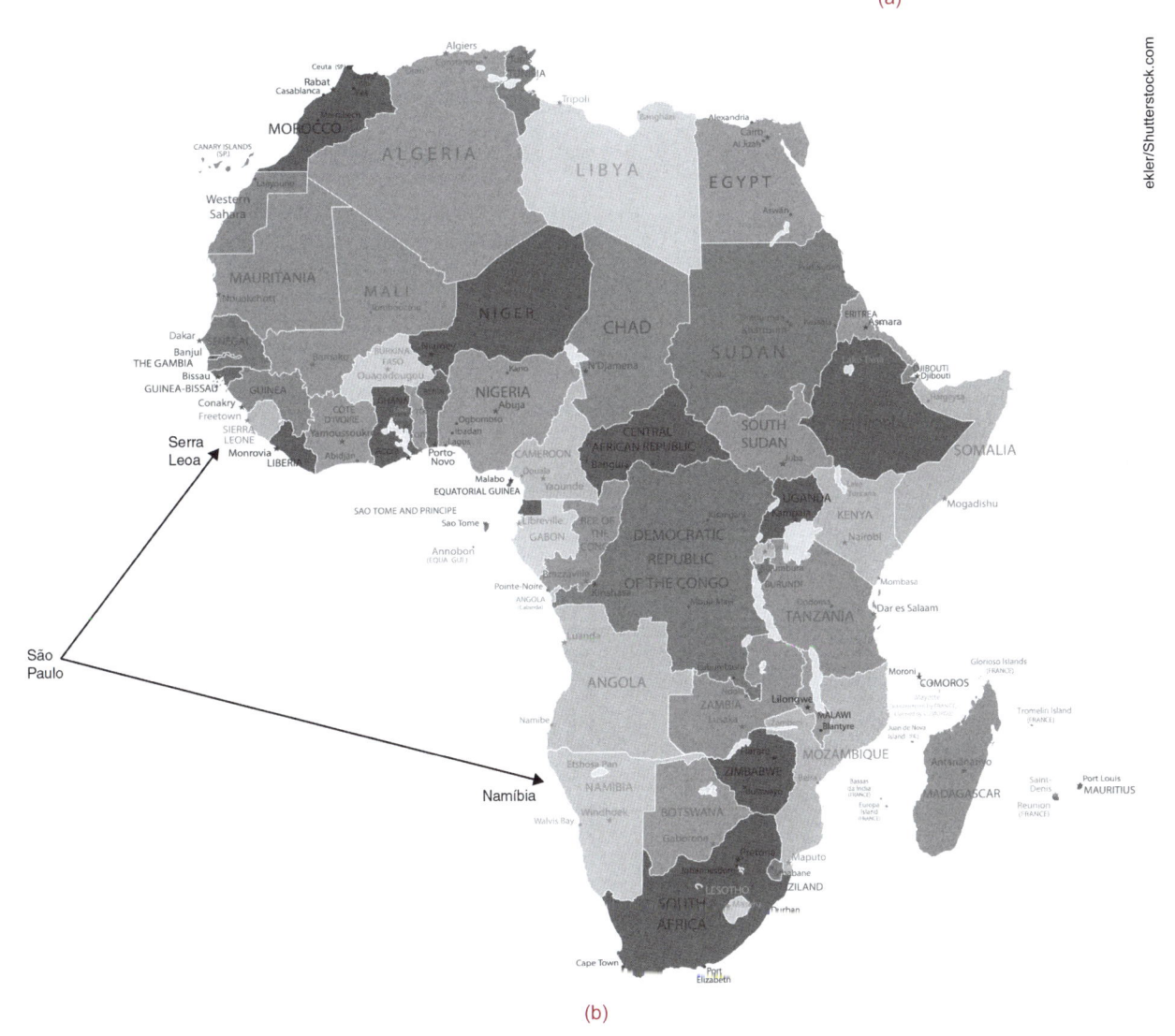

(b)

Figura 4.14 – (a) Planejamento de voo; (b) rotas de voo para o continente africano.

Qual desses aeroportos permite que o voo tenha menor duração (e percorra a menor distância)? Para responder a essa pergunta foi consultada a homepage da Sunearthtools e foram posicionados como destinos finais esses dois aeroportos africanos. A menor distância é do voo São Paulo – Freetown/Lungi.

A Figura 4.15 (a) apresenta o cálculo de distância entre São Paulo e Freetown/Lungi (Serra Leoa); (b) apresenta o cálculo entre São Paulo e Windhoek (Namíbia). A diferença entre os dois roteiros de voo é de 1.377,37 km.

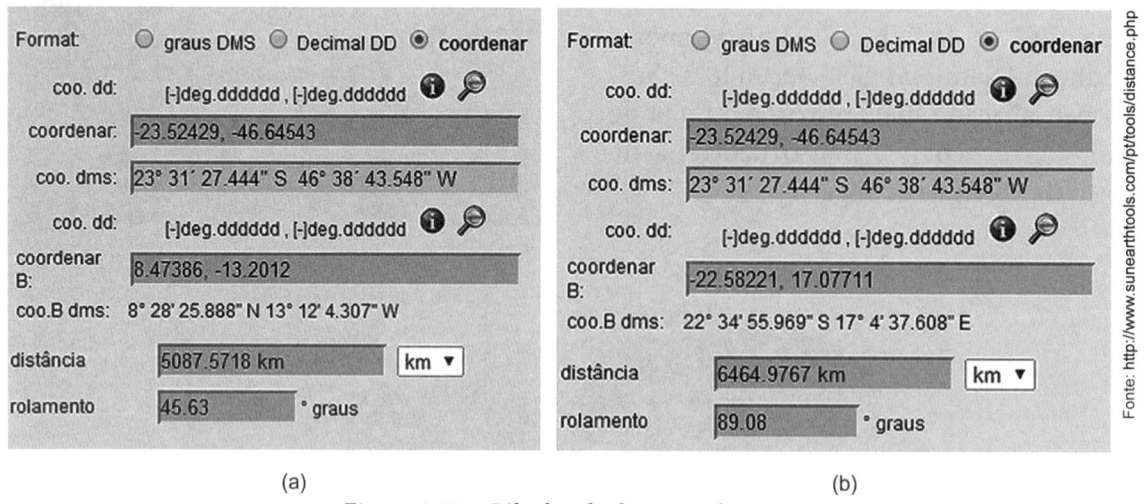

(a)   (b)

Figura 4.15 – Cálculos de distância de voos.

Exercício

Localizar num plano cartesiano os pontos $P_1(-X_1; Y_1)$ e $P_2(X_2; -Y_2)$ e determinar a distância entre esses dois pontos (Figura 4.16).

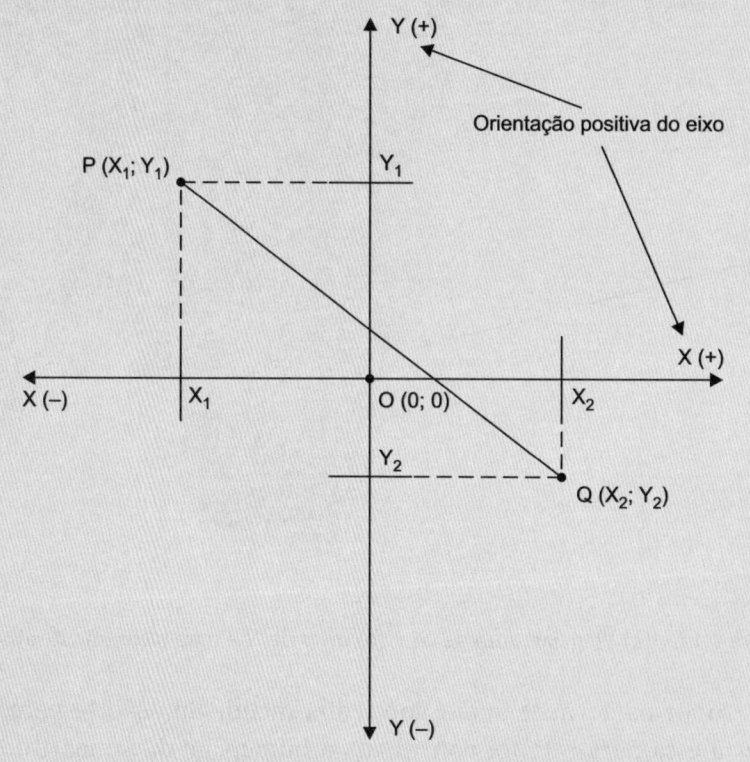

Figura 4.16 – Localização dos pontos P1 e P2 no plano cartesiano.

Gráficos e Escalas - Técnicas de Representação de Objetos e de Funções Matemáticas

A partir da Figura 4.16 será elaborada a Figura 4.17.

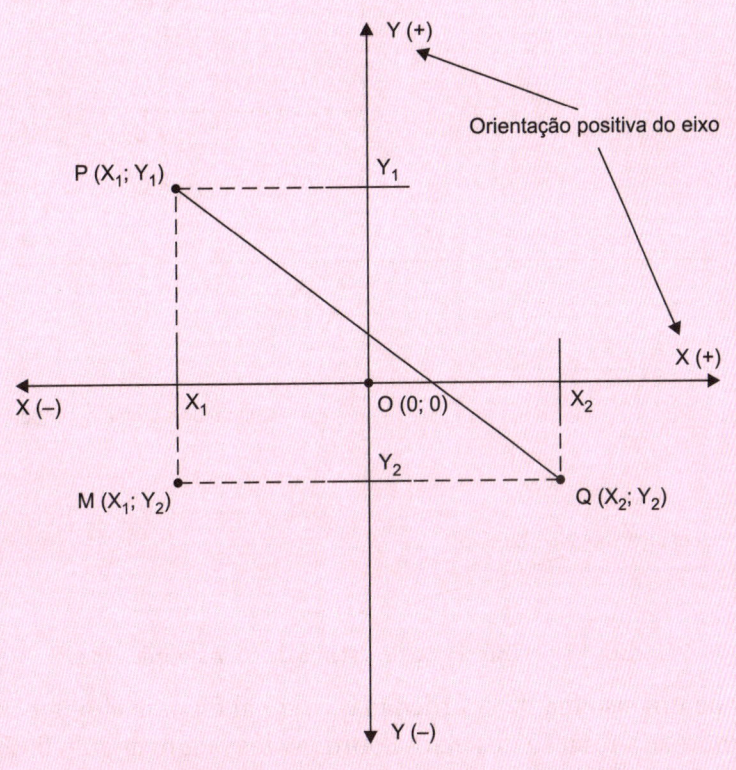

Figura 4.17 – Localização do ponto M.

Sendo as distâncias: $P_1M = |Y_2 - Y_1|$ e $MP_2 = |X_2 - X_1|$

No triângulo P_1MP_2:

$|P_1P_2|^2 = |P_1M|^2 + |MP_2|^2 = |Y_2 - Y_1|^2 + |X_2 - X_1|^2 = (X_2 - X_1)^2 + (Y_2 - Y_1)^2$

Assim, $|P_1P_2| = |P_2P_1|$

Então:

$$d = \sqrt{(x_2 - x_1)^2 + (y_2 - y_1)^2}$$

A partir de um sistema de coordenadas original, é possível obter um novo sistema de coordenadas fazendo-se a translação de eixos, onde o ponto P é a origem do novo sistema de eixos coordenados (Figura 4.18).

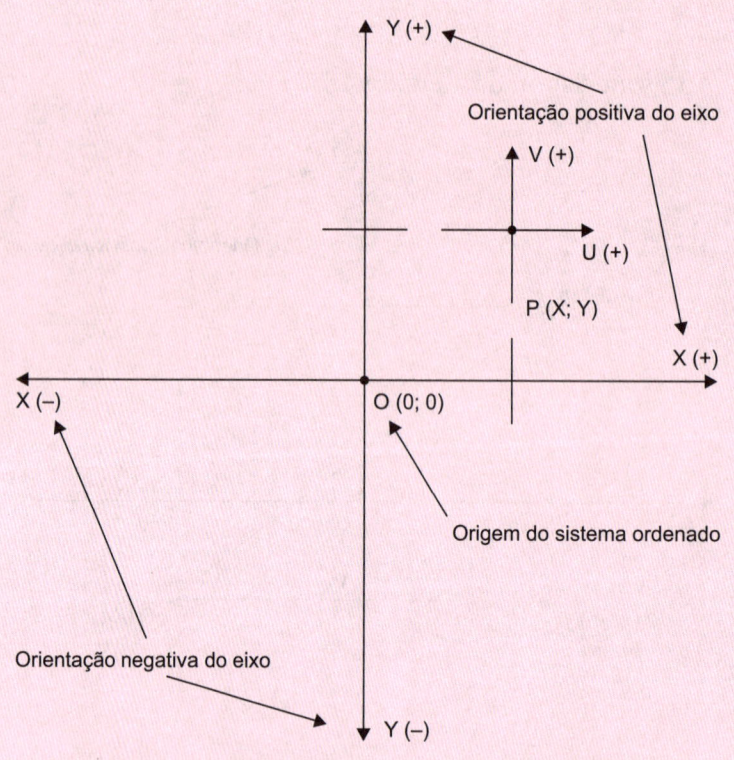

Figura 4.18 – Translação de sistema de eixos coordenados.

Também a partir de um sistema de coordenadas original é possível obter um novo sistema de coordenadas fazendo-se a rotação dos eixos coordenados de um ângulo θ (Figura 4.19).

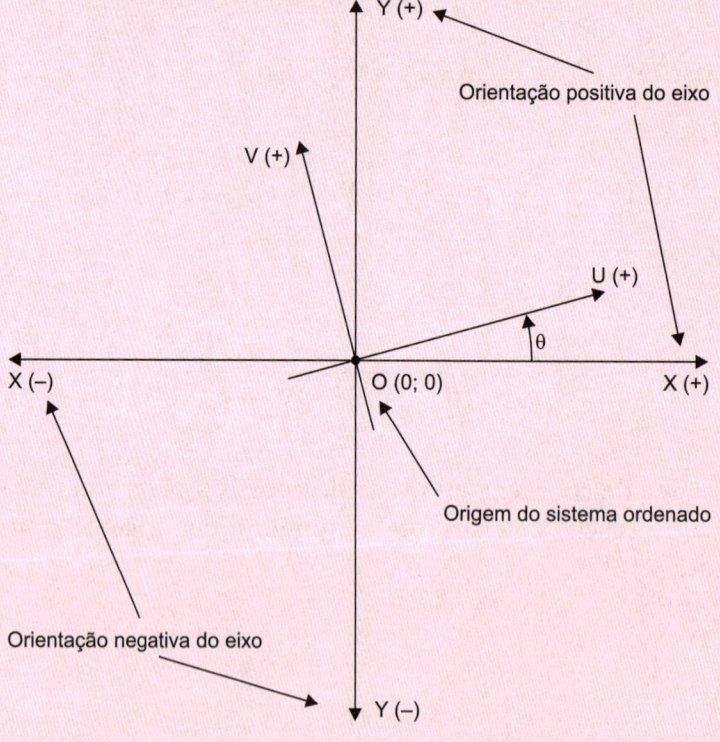

Figura 4.19 – Rotação de sistema de eixos coordenados.

4.3 Sistema de coordenadas oblíquas

Quando o ângulo entre os eixos coordenados X e Y for diferente de 90°, o sistema de coordenadas é denominado oblíquo, ou sistema cartesiano oblíquo.

A localização de um ponto P é dada pelo par ordenado (X, Y), onde os números X e Y são denominados como *coordenadas oblíquas de P* (Figura 4.20).

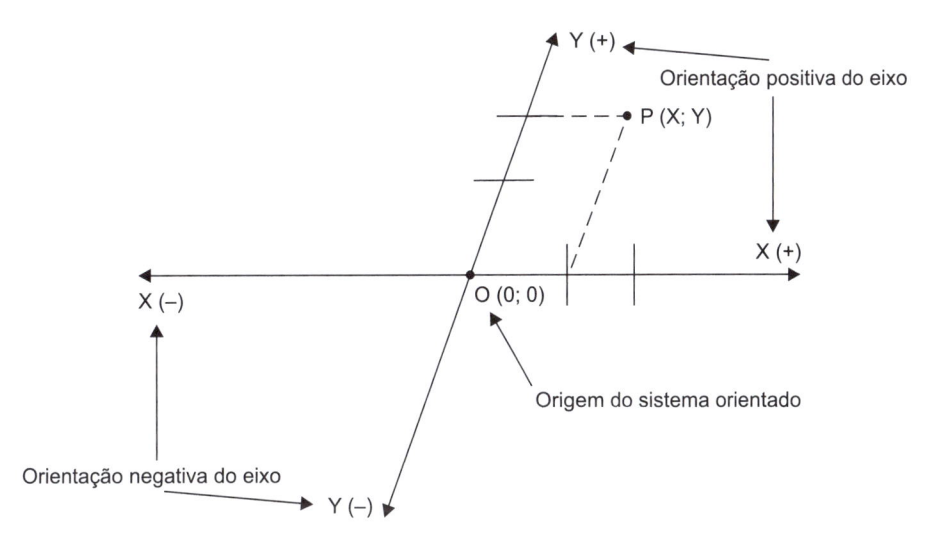

Figura 4.20 – Sistema de coordenadas oblíquas.

4.4 Sistema de coordenadas polares

Este sistema de coordenadas é útil quando se tem um ponto fixo. Por exemplo, no estudo do sistema solar. A história conta que o físico inglês Sir Isaac Newton, ao estudar o movimento dos corpos celestes, identificou que suas localizações e trajetórias eram mais bem descritas no plano através de sua direção angular e da sua distância em relação a um ponto fixo.

Então, esse sistema de coordenadas é utilizado, por exemplo, no acompanhamento do movimento dos planetas e dos satélites e para a identificação e localização de aviões e objetos em telas de radares.

O sistema de coordenadas polares tem como referenciais uma semirreta orientada fixa denominada *eixo polar* e um ponto fixo O denominado *polo*, localizado na origem do eixo polar (Figura 4.21).

Cada ponto P do plano pode-se associar um par de números reais r e θ denominados *coordenadas polares* de P. Neste sistema de coordenadas denota-se P (r; θ), onde r é a *coordenada radial* (*raio*) de P ou distância de P ao polo e θ é a *coordenada angular* ou *ângulo polar*.

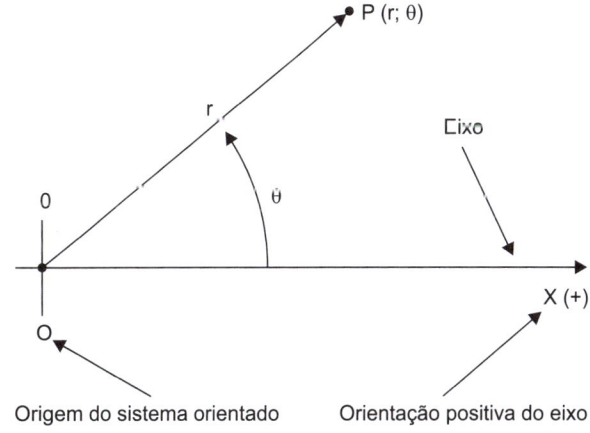

Figura 4.21 – Sistema de coordenadas polares.

O ângulo polar θ de um ponto P (r; θ) mede a abertura entre o eixo polar e o raio OP. Essa abertura é obtida considerando-se numa posição inicial o raio *OP* sobre o eixo polar e abrindo-se o raio até a medida dada de θ. Assim, o eixo polar é o lado origem e o segmento OP é o lado extremidade do ângulo.

O ângulo θ é medido em radianos, sendo positivo quando medido no sentido anti-horário e negativo quando medido no sentido horário. Se o raio r for positivo, ele deve ser marcado sobre o lado da extremidade do ângulo polar θ. Se o raio r for negativo, ele deve ser marcado sobre o sentido oposto do lado da extremidade do ângulo polar, na mesma distância igual ao valor absoluto do raio r.

4.5 Sistema de coordenadas cilíndricas

Este sistema de coordenadas tem como referencial três planos perpendiculares entre si, as três retas perpendiculares entre si e à origem O, como no sistema de coordenadas retangulares no espaço. No entanto, cada ponto P no sistema de coordenadas cilíndricas fica determinado por duas medidas lineares (r e z) e um ângulo θ. Os parâmetros r e θ são os mesmos parâmetros utilizados no sistema plano de coordenadas polares.

O ângulo θ é a abertura entre o eixo coordenado Ox e o segmento OM, onde o ponto M é a projeção ortogonal do ponto P no plano coordenado xy. O eixo Ox é o lado origem de θ e o segmento OM é o lado extremidade. O ângulo θ é positivo se medido no sentido do eixo x para o eixo y.

O segmento OM representa a coordenada radial (raio) de P e z representa sua cota (Figura 4.22).

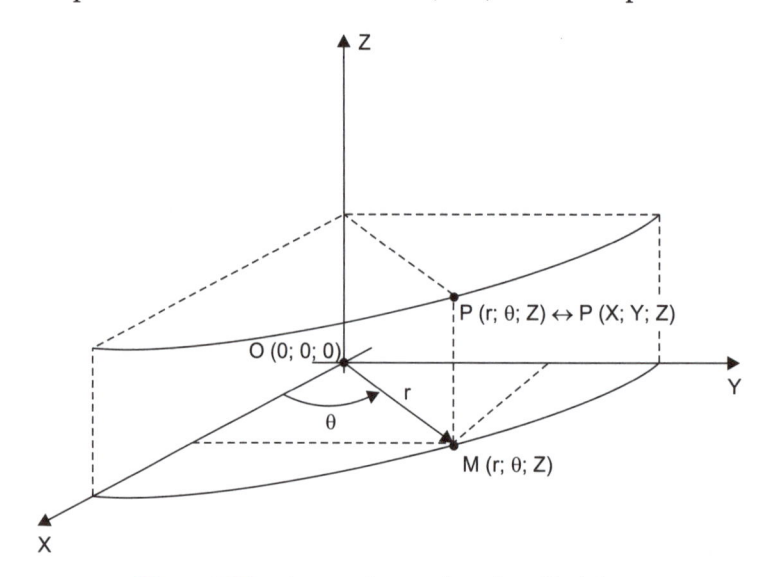

Figura 4.22 – sistema de coordenadas cilíndricas.

Cada terna ordenada (r, θ, z) é representativa de um único ponto no sistema de coordenadas cilíndricas. No entanto, é necessário restringir r > 0 e 0 ≤ θ < 2 π para que cada ponto geométrico corresponda também a uma única terna ordenada (r, θ, z). Assim, haveria correspondência biunívoca entre cada ponto geométrico e uma terna ordenada de números reais. Portanto, nessas condições a cota z pode assumir qualquer valor real.

Se o ponto for a origem do sistema, ou o ponto estiver sobre o eixo z, não haverá correspondência biunívoca entre terna ordenada e ponto. Portanto, se r = 0, θ pode assumir qualquer valor real, decorrendo daí que o ponto correspondente à terna ordenada (0, θ, 0) é a origem do sistema. Da mesma maneira, um ponto sobre o eixo z tem coordenadas (0, θ, z), com 0 ≤ θ < 2π e z ∈ R.

A denominação de coordenadas cilíndricas de um ponto P é porque o movimento de P no espaço, segundo um raio fixo r, uma cota variável z e um ângulo θ que varre o intervalo [0, 2 π], determina uma superfície cilíndrica, ou um cilindro.

4.6 Sistema de coordenadas esféricas

Este sistema de coordenadas tem como referencial os três planos perpendiculares entre si, as três retas perpendiculares entre si e a origem O, como no sistema de coordenadas retangulares no espaço. No entanto, cada ponto P no sistema de coordenadas esféricas fica determinado por uma medida linear ρ e dois ângulos θ e φ, onde ρ, θ e φ são os parâmetros do sistema (Figura 4.23).

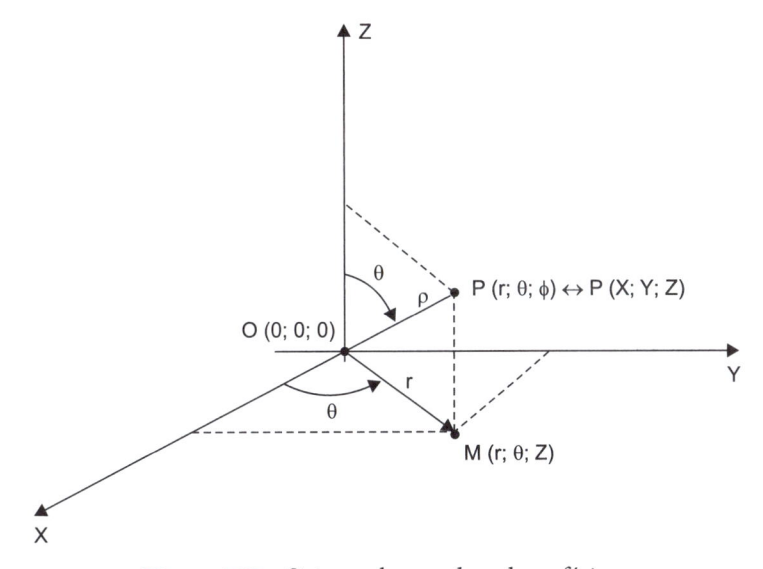

Figura 4.23 – Sistema de coordenadas esféricas.

O parâmetro ρ, denominado raio do ponto P, representa a medida do segmento OP. O ângulo θ, denominado longitude, mede a abertura entre o eixo coordenado Ox e o segmento OM, onde M é a projeção ortogonal de P no plano coordenado xy. Como no sistema de coordenadas cilíndricas, o eixo Ox é o lado origem de θ e o segmento OM é o lado extremidade, sendo θ positivo se medido no sentido do eixo x para o eixo y.

O ângulo φ, denominado colatitude, mede a abertura entre o eixo coordenado Oz e o segmento OP, sendo o eixo Oz o lado origem do ângulo e o segmento OP o lado extremidade.

Cada terna ordenada (ρ, θ, φ) representa um único ponto no sistema de coordenadas esféricas. Entretanto, é necessário restringir ρ > 0, 0 < θ ≤ 2π e 0 ≤ φ ≤ π para que cada ponto geométrico corresponda também a uma única terna ordenada (ρ, θ, φ), havendo assim correspondência biunívoca entre cada ponto geométrico e uma terna ordenada de números reais. Mas se o ponto for a origem do sistema ou estiver sobre o eixo z, então não haverá correspondência biunívoca entre terna ordenada e ponto. Assim, se ρ = 0, então θ e φ podem assumir quaisquer valores reais, decorrendo daí que o ponto correspondente à terna (0, θ, φ) é a origem do sistema. Analogamente, um ponto sobre o eixo z, exceto a origem, tem coordenadas (ρ, θ, 0) ou (ρ, θ, π), com 0 ≤ θ < 2π e 0 > ρ.

A denominação de coordenadas esféricas de um ponto P se deve ao fato de que o movimento de P no espaço, segundo um raio fixo ρ, um ângulo θ que varre o intervalo [0, 2π] e um ângulo φ que varre o intervalo [0, π], determina uma superfície esférica ou uma esfera (Figura 4.24).

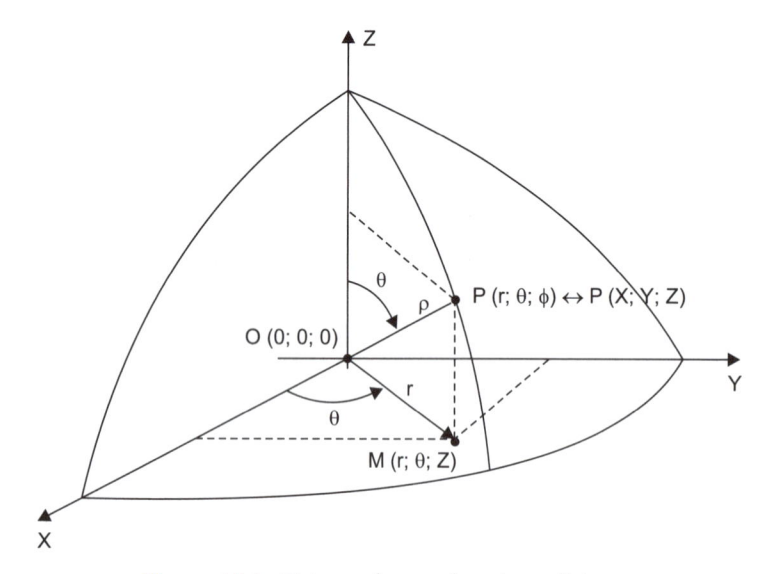

Figura 4.24 – Sistema de coordenadas esféricas.

Amplie seus conhecimentos

O sistema GPS (*Global Positioning System*) é um sistema de 24 satélites geoestacionários, situados em órbitas com altitude de 20.200 km a uma velocidade de 11.265 km/h, cujo objetivo é identificar com precisão as coordenadas de qualquer ponto sobre a superfície do planeta Terra. Para saber mais acesse: <http://satelite.cptec.inpe.br/home/novoSite/index.jsp>.

Vamos recapitular?

Vimos neste capítulo os sistemas de coordenadas. Foi apresentada a importância da localização de um ponto nos espaços unidimensionais, bidimensionais e tridimensionais. Foi também apresentado o sistema de coordenadas retangulares, de coordenadas oblíquas e de coordenadas polares. Também foram apresentados os sistemas de coordenadas cilíndricas e esféricas.

 Agora é com você!

1) Comente a origem do sistema de coordenadas retangulares.

2) Calcule a distância entre os pontos A (2, -5) e B (-5, 4), que tem as coordenadas relativas na unidade metro.

3) Comente a origem do sistema de coordenadas polares.

4) Comente sobre o sistema de coordenadas esféricas.

5

Construções de Gráficos

Este capítulo tem como objetivo apresentar os conjuntos, descrever seus elementos componentes, propriedades, representação gráfica, tipos e operações. São apresentadas as características e tipos de funções matemáticas, bem como os gráficos das funções afins e quadráticas. Ainda é apresentada a simbologia matemática.

5.1 Conjuntos matemáticos

Para a construção de gráficos são importantes alguns conceitos fundamentais, que serão úteis para a compreensão das informações contidas nos gráficos, como os conceitos de conjuntos e suas relações.

Conjunto matemático. Conjunto matemático é uma coleção de elementos. O conjunto pode ter uma quantidade finita de elementos, pode ser vazio (conjunto vazio), ter um único elemento (conjunto unitário) ou pode ter uma quantidade infinita de elementos (conjunto infinito). Para que um elemento pertença a um determinado conjunto é necessário que tenha uma relação de pertinência. Dois conjuntos são iguais se, e somente se, cada elemento de um conjunto for também elemento do outro conjunto.

Elemento. Elemento é qualquer um dos componentes de um conjunto.

Pertinência. Pertinência é a característica associada a um elemento que faz parte de um conjunto. Por exemplo, o conjunto dos números inteiros é formado somente pelos infinitos números inteiros. Os números fracionários não fazem parte desse conjunto. Exemplos:

Número α pertence ao conjunto A:

$$\alpha \in A$$

Número α não pertence ao conjunto A:

$$\alpha \notin A$$

Notação de Conjunto. Em matemática, a notação padrão é listar os elementos constituintes do conjunto separados por vírgulas e delimitados por chaves. Exemplos:

1) O conjunto A é composto pelos números 1, 2, 3, 4 e 5.

   Representação do conjunto: $A = \{1, 2, 3, 4, 5\}$.

2) O conjunto B é composto pelos números 1, 2, 3, 3, 4, 5, 2, 2.

   Representação do conjunto: $B = \{1, 2, 3, 3, 4, 5, 2, 2\}$ (a ordem dos elementos não importa).

É possível descrever um conjunto de três maneiras diferentes:

1) **Listar os elementos**

   Neste caso, os elementos pertencentes ao conjunto são apresentados de forma individual.

   Exemplo: $A = \{1, 2, 2, 3\}$; o conjunto A é formado por quatro elementos (1, 2, 2 e 3). Em um conjunto, a ordem dos números não importa, podendo o conjunto do exemplo ser escrito como $A = \{3, 1, 2, 2\}$.

2) **Definir uma propriedade**

   Neste caso, os elementos pertencentes ao conjunto são relacionados através de uma propriedade.

   Exemplo: $A = \{x\}$ x é um número inteiro tal que $0 < x < 6\}$; nesse caso, o conjunto A é formado por todos os números inteiros maiores que zero e menores que 6, isto é, os números 1, 2, 3, 4 e 5.

3) **Representação gráfica**

   A representação gráfica é feita através dos diagramas de Venn (John Venn, matemático inglês, 1834-1923), que são utilizados para simbolizar graficamente as propriedades e relações relativas aos conjuntos.

   Exemplo: o conjunto formado pelos números 1, 2, 2, 4, 5, 8 e 8 está na representação de Venn na Figura 5.1.

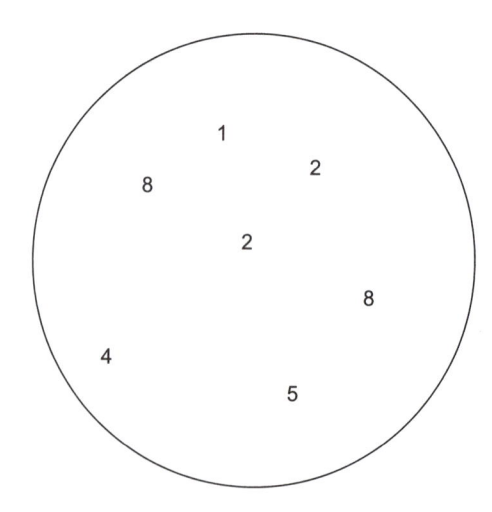

Figura 5.1 – Representação de Venn para conjunto.

Subconjunto. Quando A e B são conjuntos e todo elemento "X" pertencente ao conjunto A também pertence ao conjunto B, então o conjunto A é chamado de subconjunto do conjunto B e sua notação matemática é:

$$A \subseteq B$$

Subconjunto próprio. O subconjunto próprio ocorre quando pelo menos um elemento pertencente ao conjunto B não pertence ao conjunto A. Exemplo: A = {1, 2} e B = {1, 2, 3}.

Neste caso, o conjunto A é subconjunto próprio do conjunto B, isto é, o conjunto A está contido no conjunto B e sua representação matemática é:

$$A \subset B$$

A Figura 5.2 apresenta a representação de Venn para o conjunto A que é subconjunto próprio do conjunto B.

Subconjunto impróprio. O subconjunto impróprio ocorre quando todos os elementos pertencentes ao conjunto B também pertencem ao conjunto A. Exemplo: A = {1, 2, 3} e B = {1, 2, 3}.

Neste caso, o conjunto A é subconjunto impróprio do conjunto B, pois:

$$A = B$$

A Figura 5.3 apresenta a representação de Venn para o conjunto A que é subconjunto impróprio do conjunto B.

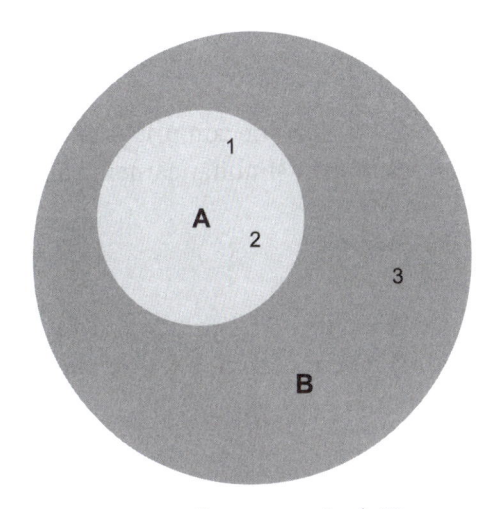

Figura 5.2 – Representação de Venn para subconjunto próprio.

Cardinalidade. Cardinalidade representa a quantidade de elementos de um conjunto. A cardinalidade de um conjunto A é representada por |A|.

Exemplos: A = {9, 3, 6}, então |A| = 3

A = {20, 40}, então |A| = 2

Operações com conjuntos. Operações com conjuntos são operações matemáticas que ocorrem de maneira semelhante às operações com os números.

União de conjuntos. A união de dois conjuntos A e B é o conjunto A ∪ B composto pelos elementos que pertencem ao menos a um dos conjuntos A ou B. Sua notação matemática é:

$$A \cup B = \left\{ \forall x \mid x \in A \vee x \in B \right\}$$

A Figura 5.4 apresenta a representação de Venn para a união dos conjuntos A (escuro) e B (escuro).

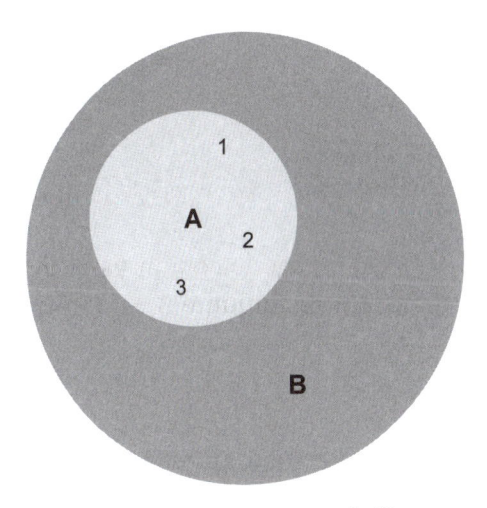

Figura 5.3 – Representação de Venn para subconjunto impróprio.

Figura 5.4 – Representação de Venn para a união de conjuntos.

Interseção de conjuntos. A interseção de dois conjuntos é o conjunto composto por elementos que pertencem simultaneamente aos dois conjuntos A e B. Sua notação matemática é:

$$A \cap B = \left\{ \forall x \mid x \in A \ e \ x \in B \right\}$$

A Figura 5.5 apresenta a representação de Venn para a interseção dos conjuntos (cor mais escura) A (cor escura) e B (cor clara).

Figura 5.5 – Representação de Venn para a interseção de conjuntos.

Diferença de conjuntos. A diferença de dois conjuntos A e B é o conjunto dos elementos que pertencem ao conjunto A e não pertencem ao conjunto B. Sua notação matemática é:

$$A \setminus B = A - B = \left\{ \forall x \mid x \in A \ e \ x \notin B \right\}$$

A Figura 5.6 apresenta a representação de Venn para a diferença entre os conjuntos A (cor escura) e B (cor clara).

Figura 5.6 – Representação de Venn para diferença entre conjuntos.

Relação entre conjuntos. A relação entre dois conjuntos pode ser apresentada pelo diagrama de flechas (Figura 5.7).

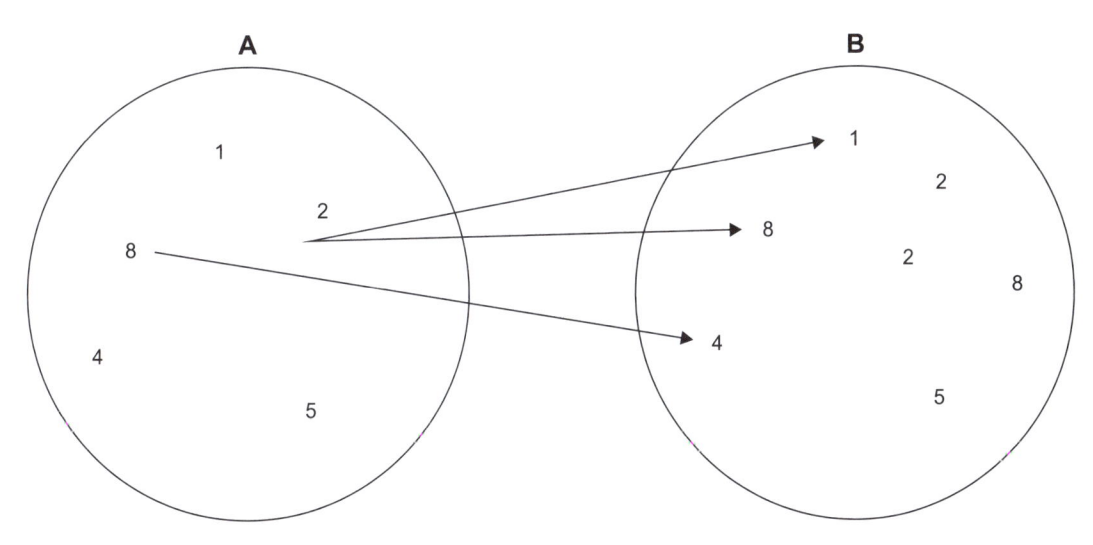

Figura 5.7 – Representação de Venn para indicar a relação entre os elementos de conjuntos.

Significa que o conjunto A = {1, 2, 8, 4, 5} se relaciona com o conjunto B = {1, 2, 2, 8, 8, 4, 5} através dos elementos existentes no início e no término das setas. A relação entre os conjuntos A e B é representada como: R = {(2, 1), (2, 8), (8,4)}.

5.2 Funções matemáticas

Função é um tipo particular de relação entre conjuntos na qual existe uma propriedade específica, onde todos os elementos componentes do conjunto de partida estão associados a um e somente um dos elementos do conjunto de chegada. Não é necessário que todos os elementos do conjunto de chegada estejam relacionados com algum elemento do conjunto de partida. Em uma função, os elementos do conjunto de chegada podem estar associados a mais de um elemento do conjunto de partida.

Como exemplo de função temos a relação R1 = {(1,8), (2, 8), (8, 4), (4, 4), (5, 5)}, cujo diagrama de flechas está representado na Figura 5.8.

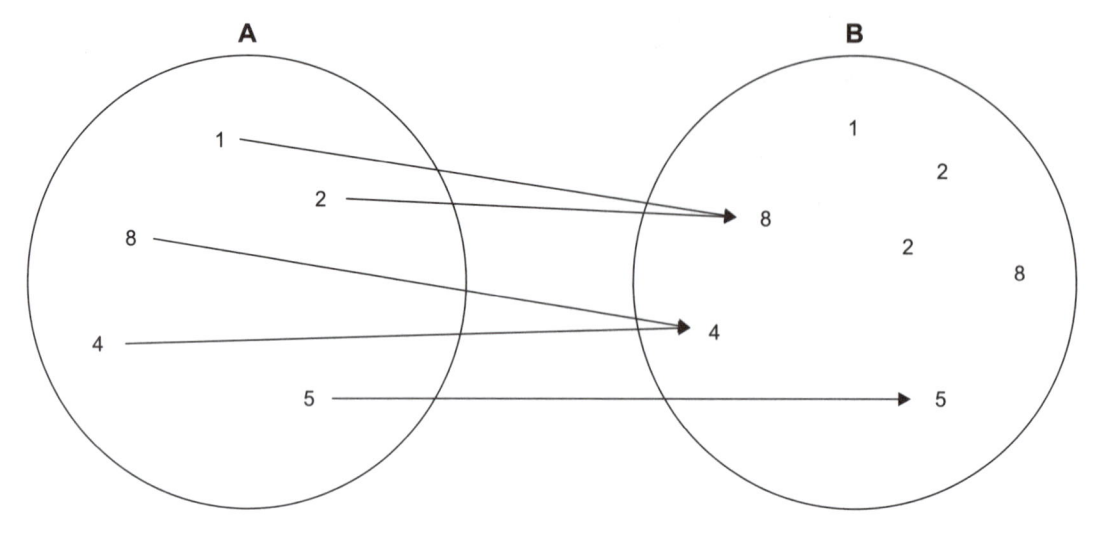

Figura 5.8 – Representação de função do conjunto A no conjunto B.

Neste caso, todos os elementos do conjunto A (conjunto de partida) correspondem a um único elemento do conjunto B (conjunto de chegada). Essa característica do relacionamento entre os conjuntos A e B é denominada função (f) do conjunto A no conjunto B, sendo representada matematicamente por:

$$f : A \rightarrow B$$

Domínio da função. O domínio de uma função é composto por todos os elementos do conjunto de partida (conjunto A). A representação matemática do domínio no exemplo é:

$$D(f) = \{1, 2, 8, 4, 5\}$$

Contradomínio da função. O contradomínio de uma função é composto por todos os elementos do conjunto de chegada (conjunto B). A representação matemática do contradomínio no exemplo é:

$$CD(f) = \{1, 2, 2, 8, 8, 4, 5\}$$

Imagem da função. A imagem de uma função é composta por todos os elementos do conjunto de chegada (conjunto B), ou contradomínio, que estão associados a algum elemento do conjunto de partida (conjunto A), ou domínio. Portanto, o conjunto imagem é um subconjunto do contradomínio. A representação matemática da imagem no exemplo é:

$$Im(f) = \{8, 4, 5\}$$

Definição analítica de função. Como visto, uma função é descrita como a associação de todos os elementos do conjunto de partida (conjunto A) com algum elemento do conjunto de chegada (conjunto B). Por exemplo:

$$f : A \rightarrow B$$

$$f(x) = 2x \ \text{ou} \ y = 2x$$

Neste caso, cada elemento do conjunto de partida (x) corresponde a um elemento do conjunto de chegada (y), que tem numericamente o dobro de seu valor.

Variável dependente. Variável dependente são os elementos variáveis f(x) ou y do subconjunto imagem, pois dependem do valor de x.

Variável independente. Variável independente são os todos elementos x do conjunto de partida (domínio), pois todos independem do elemento y.

Exemplos de relacionamentos entre conjuntos que não são funções:

1) A Figura 5.9 mostra a representação de Venn para conjuntos, onde o diagrama de flechas não representa uma função porque o elemento 1 do conjunto de partida (conjunto A) possui duas imagens 1 e 8 no conjunto de chegada (conjunto B), o que contraria a definição de função.

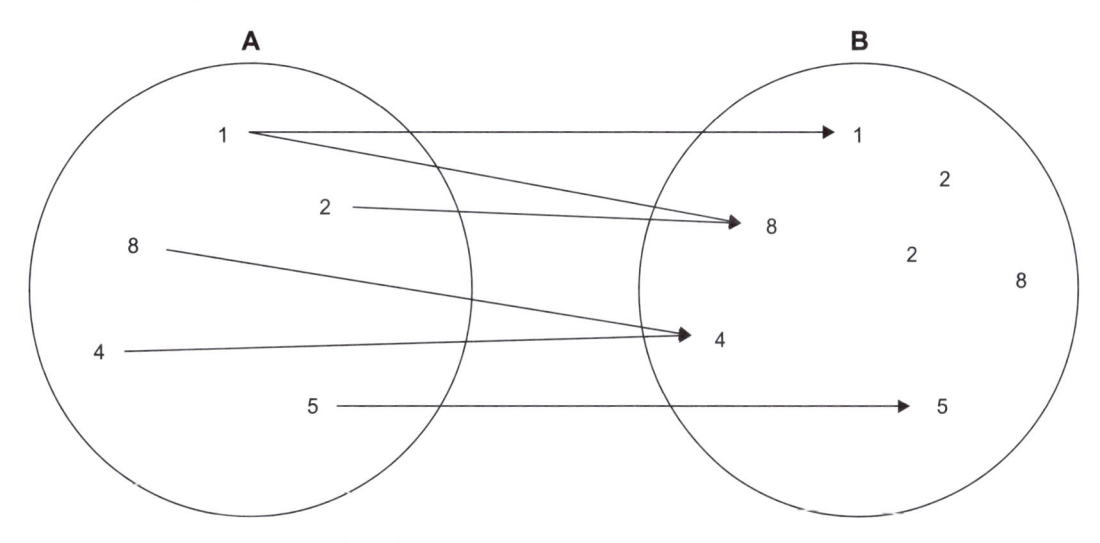

Figura 5.9 – Exemplo 1 de relacionamento entre conjuntos que não são funções.

2) A Figura 5.10 apresenta a representação de Venn para conjuntos, onde o diagrama de flechas não representa uma função porque o elemento 8 do conjunto de partida (conjunto A) não possui imagem no conjunto de chegada (conjunto B), o que contraria a definição de função.

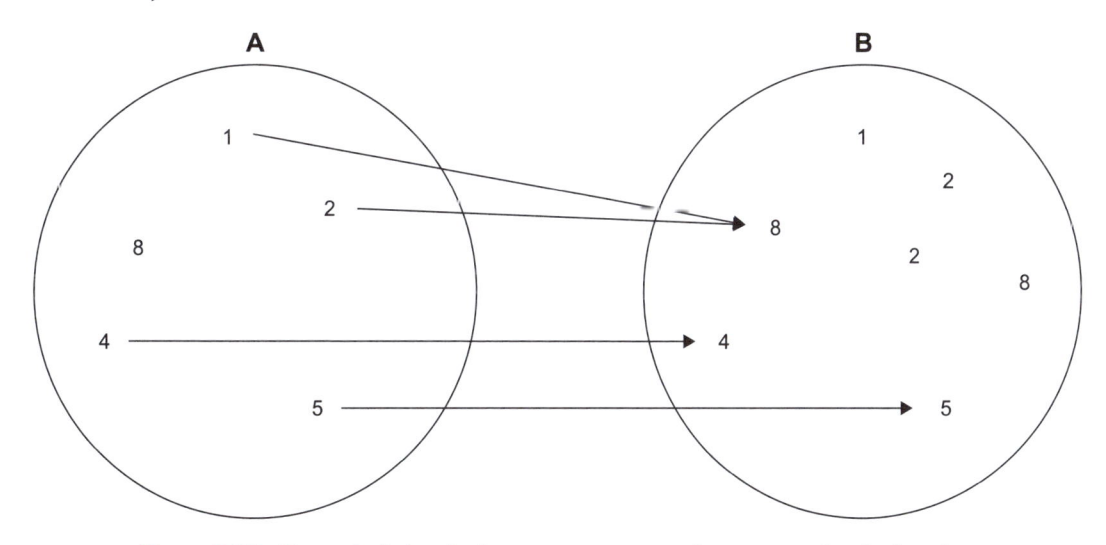

Figura 5.10 – Exemplo 2 de relacionamento entre conjuntos que não são funções.

Função injetora. É a função na qual para qualquer elemento do conjunto de partida (conjunto A) é associado um elemento diferente no conjunto de chegada (conjunto B). Assim, sua representação matemática é:

$$f\left(x_1\right) \neq f\left(x_2\right)$$

A Figura 5.11 apresenta a representação de Venn para representação da junção injetora.

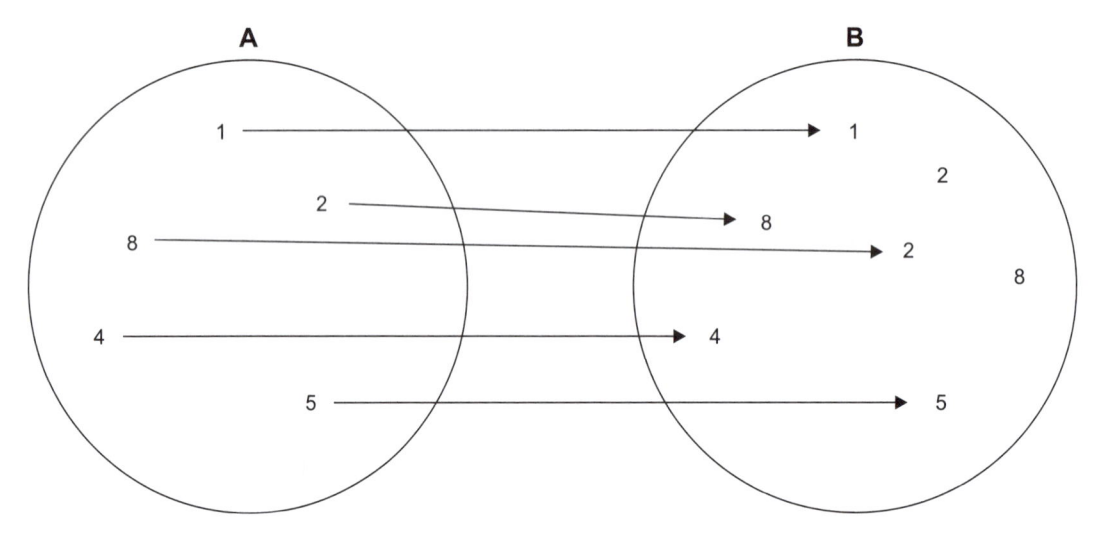

Figura 5.11 – Representação de Venn para representação da função injetora.

Função sobrejetora. É a função em que todos os elementos do conjunto de chegada (conjunto B) são associados a um elemento do conjunto de partida (conjunto A).

A Figura 5.12 apresenta a representação de Venn para representação da junção sobrejetora.

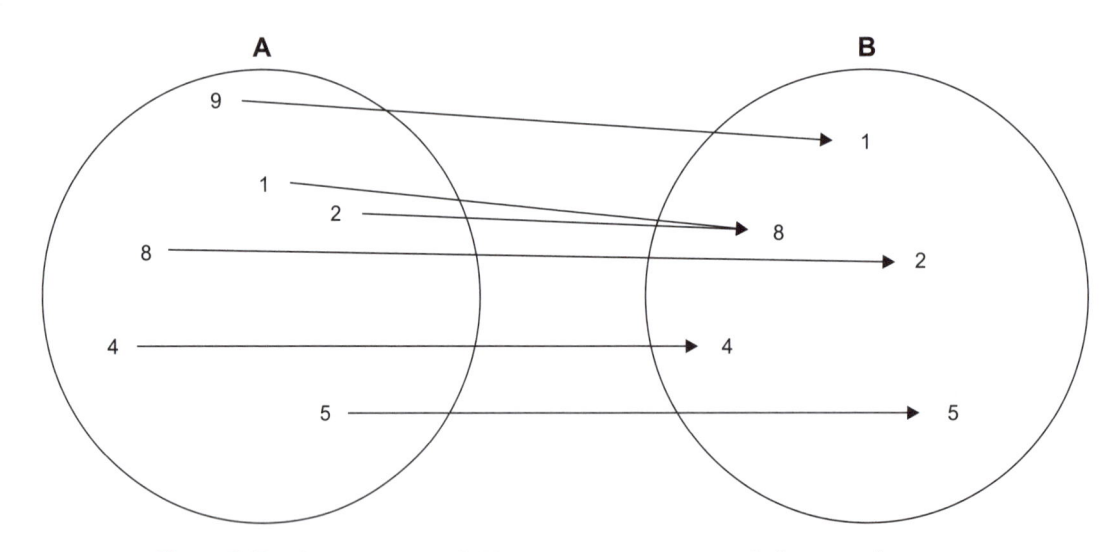

Figura 5.12 – Representação de Venn para representação da função sobrejetora.

Função bijetora. A função é bijetora (ou bijetiva) quando ela é injetora e sobrejetora ao mesmo tempo, ou seja, cada elemento do conjunto de chegada (conjunto B) é associado a um elemento diferente do conjunto de partida (conjunto A).

A Figura 5.13 apresenta a representação de Venn para representação da junção bijetora.

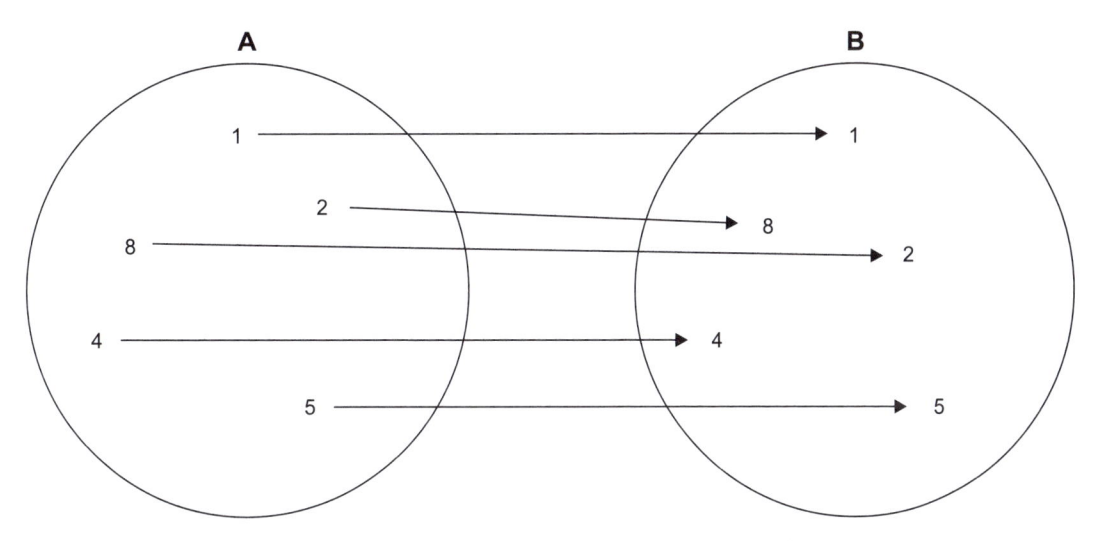

Figura 5.13 – Representação de Venn para representação da função bijetora.

Função inversa. É a função quando ocorre:

a função, $g : B \rightarrow A$ é a inversa da função $f : A \rightarrow B$, quando:

$g(f(x)) = x$, para todo $x \in$ a A e $f(g(y)) = y$ para todo $y \in$ a B.

Função afim ou linear. São funções definidas como sendo:

$$f: \mathbb{R} \rightarrow \mathbb{R}$$

$$x \mapsto y = f\left(x\right) = ax + b$$

Onde a e b são constantes reais e $a \neq 0$.

Casos particulares da função afim

Função identidade: definida por $f(x) = x$ para todo $x \in$ R. Nesse caso, $a = 1$ e $b = 0$

Função linear: definida por $f(x) = ax$ para todo $x \in$ R. Nesse caso, $b = 0$

Exemplos: $f(x) = -3x$ $f(x) = 4x$ $f(x) = 1/2x$ $f(x) = 0,5x$

Função constante: definida por $f(x) = b$ para todo $x \in$ R. Nesse caso, $a = 0$

Exemplos: $f(x) = 5$ $f(x) = -4$ $f(x) = 1/6$ $f(x) = \sqrt{2}$

Translação da função identidade: definida por $f(x) = x + b$ para todo $x \in R$

Nesse caso, $a = 1$ e $b \neq 0$

Exemplos: $f(x) = x + 4$ $f(x) = x - 2$ $f(x) = x + 1/5$ $f(x) = x - 2$

Valor numérico de uma função afim

O valor numérico de uma função afim $f(x) = ax + b$ é obtido por um número real x_0, quando temos:

$$f(x_0) = ax_0 + b$$

Exemplos:

Na função $f(x) = 2x - 5$, temos:

Para $x_0 = 3$, então $f(3) = 2(3) - 5 = 1$, ou seja, quando $x_0 = 3$, $y_0 = 1$, assim: $f(3) = 1$

Para $x_0 = 6$, então $f(6) = 2(6) - 5 = 7$, ou seja, quando $x_0 = 6$, $y_0 = 7$, assim: $f(6) = 7$

Para a função $f(x) = -2x + 4$ temos que:

Para $x_0 = 3$, então $f(3) = -2(3) + 4 = -2$, ou seja, quando $x_0 = 3$, $y_0 = -2$, assim: $f(3) = -2$

Para $x_0 = -1$, então $f(-1) = -2(-1) + 4 = 6$, ou seja, quando $x_0 = -1$, $y_0 = 6$, assim: $f(-1) = 6$

Valor inicial

Em uma função afim $f(x) = ax + b$, o número $b = f(0)$ chama-se valor inicial da função f, ou coeficiente linear.

Exemplo:

Na função $f(x) = 2x + 4$, quando temos $f(0) = 4(0) + 4 \rightarrow f(0) = 4$

5.3 Tipos de gráficos

Os gráficos das funções reais são visualizados no plano cartesiano. No caso de uma reta, é possível traçar a função a partir de pontos de uma tabela. A equação geral de uma reta é dada por:

$ax + by + c = 0$

Onde a, b e c são constantes reais.

Geralmente utilizamos a equação reduzida da reta: $y = ax + b$.

Por exemplo, a equação reduzida de reta dada por $y = 4x + 2$ corresponde à equação geral de reta dada por: $4x - y + 2 = 0$.

Taxa de variação da função (a)

Para uma função afim $f(x) = ax + b$, a taxa de variação da função afim é o valor do coeficiente "a". Assim:

$a > 0$, taxa crescente (Figura 5.14);

a < 0, taxa decrescente (Figura 5.15).

Graficamente, o valor de "a" indica qual é a inclinação da reta que representa o gráfico da função. Geometricamente, "a" é a taxa de variação da função.

Valor inicial ou coeficiente linear, (b)

Para uma função afim f(x) = ax + b, o valor inicial é responsável pela translação do gráfico da função afim (Figuras 5.14 e 5.15). Assim, geometricamente, "b" é a ordenada do ponto onde a reta, que é o gráfico da função f(x) = ax + b, cruza com o eixo OY (eixo das ordenadas), ou, ainda, b é o valor numérico de f(0).

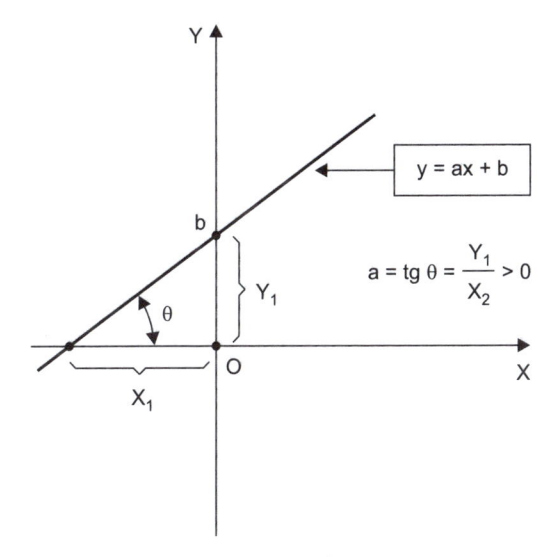

Figura 5.14 – Exemplo de função com taxa de variação crescente.

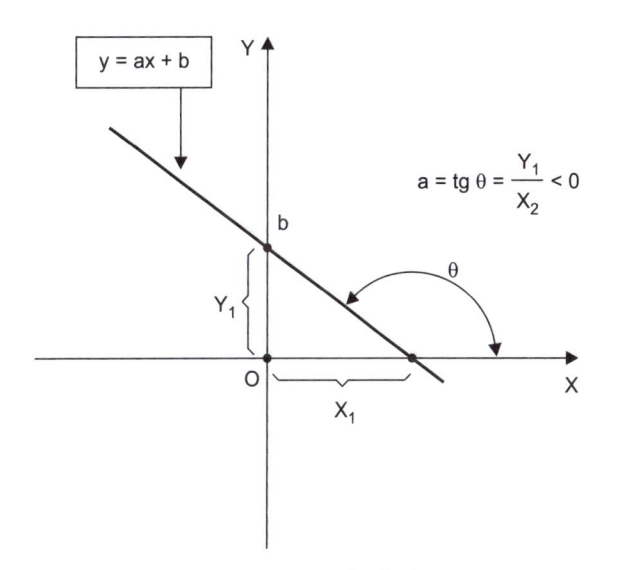

Figura 5.15 – Exemplo de função com taxa de variação decrescente.

Raiz da equação

Também chamada "zero da função", é o número real atribuído ao valor de x e que faz com que f(x) seja igual a zero. Geometricamente, a raiz da função afim é o ponto no qual o gráfico intercepta o eixo das abscissas (Figura 5.16).

Por exemplo: f(x) = x + 4.

Fazendo f(x) = x + 4 = 0,

a raiz é: x = - 4

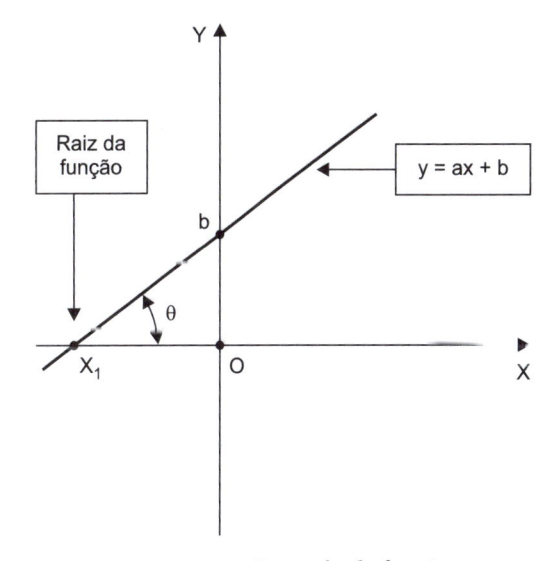

Figura 5.16 – Exemplo de função com a indicação da raiz.

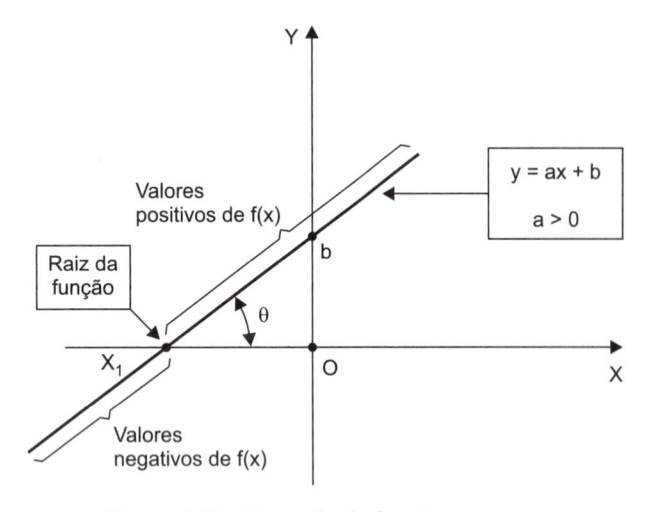

Figura 5.17 – Exemplo de função crescente.

Para uma função crescente (a > 0), os valores de "x" maiores que o valor da raiz da equação irão fornecer valores positivos para f(x) ou "y" (Figura 5.17).

Exemplo: f(x) = 3x + 9

Solução: a = 3, portanto a > 0 a função é crescente.

Raiz da função: 3x + 9 = 0, portanto x = - 3.

Assim, para valores de x = -3 ; f(x) = 0
x > -3 ; f(x) > 0
x < -3 ; f(x) < 0

Para uma função decrescente (a < 0), os valores de "x" maiores que o valor da raiz da equação irão fornecer valores negativos para f(x) ou "y" (Figura 5.18) .

De forma geral, é possível determinar como ficará o gráfico de uma função afim estudando seus componentes.

Quando a = 0, a reta é paralela ao eixo das abscissas (x) e a equação fica by + c = 0. Esse tipo de função é chamado de função constante (Figura 5.18).

Quando b = 0, a reta é paralela ao eixo das ordenadas (eixo y) e a equação fica ax + c = 0. As retas paralelas ao eixo y não são funções (Figura 5.18).

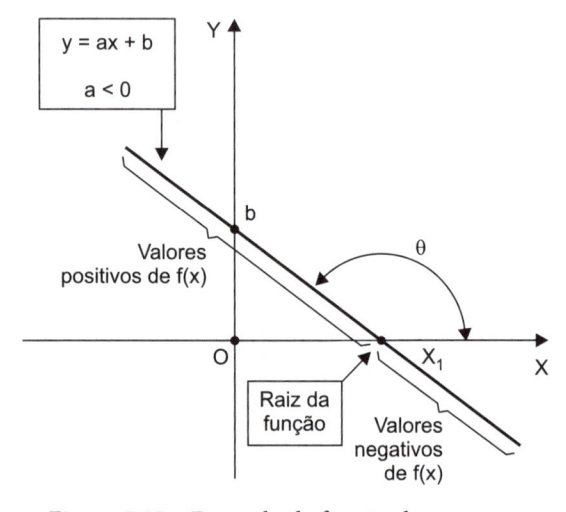

Figura 5.18 – Exemplo de função decrescente.

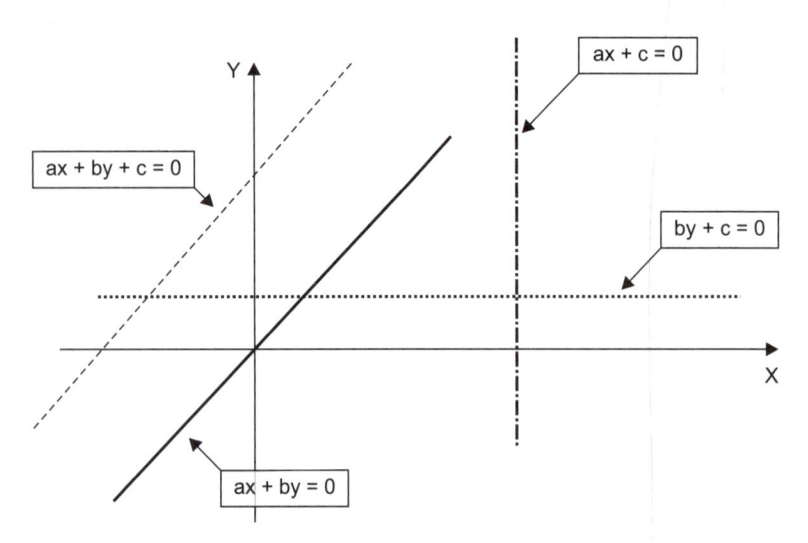

Quando c = 0, a reta passa pela origem das coordenadas (0,0) e a equação fica ax + b = 0. Nesse caso a função linear é bijetora (Figura 5.19).

Quando a ≠ 0, b ≠ 0 e c ≠ 0, são as retas usuais que cortam os eixos x e y e que não passam pela origem (0, 0). São funções bijetoras.

Figura 5.19 – Exemplos de retas com variações nas constantes a, b e c.

Podemos encontrar gráficos de outras funções. Uma função *f* de R em R chama-se quadrática quando existem números reais a, b, e c, com a ≠ 0, tal que $f(x) = ax2 + bx + c$, para todo x ∈ IR.

Identificar o valor da função quadrática em um ponto consiste em calcular o valor resultante da função para determinado valor de x.

Exemplo: Seja a função $f(x) = x^2 + 4x + 1$ o valor numérico da função para $x\theta = 3$, ou seja, f(3) é dado por:

$f(x) = x^2 + 4x + 2$

$f(3) = (3)^2 + 4(3) + 1 = 22$

Ou seja, na função dada, quando temos $x = 3$, $f(x) = 23$ em par ordenado, podemos denotar por: P = (3,23).

O gráfico da função quadrática é realizado considerando um ponto F (foco) e uma reta diretriz que não o contém. Chamamos de parábola de foco F e de reta diretriz ao conjunto de pontos do plano que distam igualmente de F e da reta diretriz (Figura 5.20).

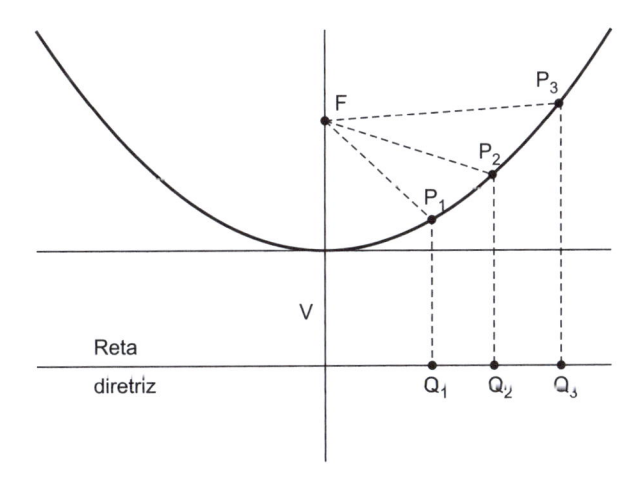

Figura 5.20 – Exemplo de função quadrática.

A reta perpendicular à diretriz que contém o foco (F) chama-se eixo da parábola. O ponto (V) da parábola mais próximo da diretriz chama-se vértice. O vértice (V) é o ponto médio do segmento cujos extremos são o foco e a interseção do eixo com a reta diretriz. O gráfico de uma função quadrática é uma parábola.

Concavidade da Parábola

A parábola que representa a função quadrática pode ter sua concavidade para cima ou para baixo. Algebricamente, sua posição é determinada pelo valor do coeficiente "a".

A Figura 5.21 mostra que quando a concavidade está voltada para cima o vértice (V) é o ponto de mínimo da parábola, e quando está voltada para baixo, o vértice (V) é o ponto de máximo.

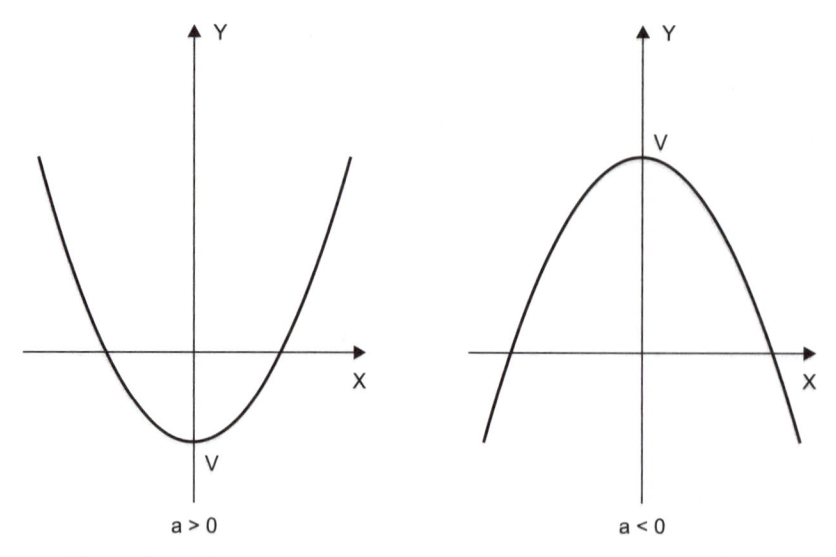

Figura 5.21 – Representação da posição da concavidade da parábola.

Como visto, uma parábola de segundo grau é definida matematicamente como $f(x) = ax^2 + bx + c$. A variação de seus parâmetros a, b e c causam variações no gráfico da função.

A variação do parâmetro "a" da parábola, além de determinar a posição da concavidade da parábola, causa a variação em sua abertura (Figura 5.22):

Quanto maior o valor de a, menor será a abertura da parábola.

Quanto menor o valor de a, maior será a abertura da parábola.

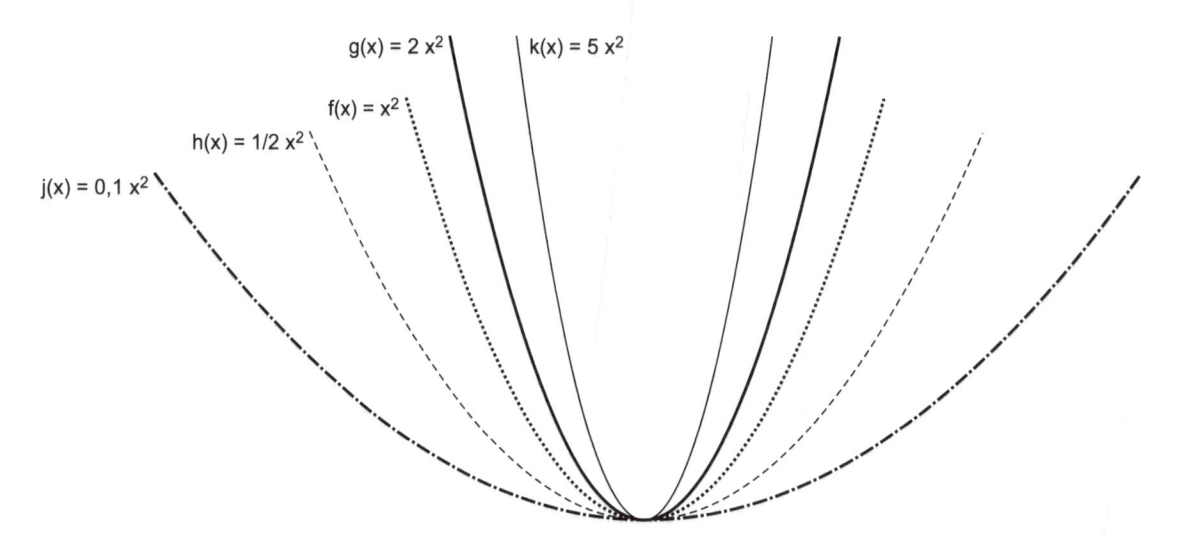

Figura 5.22 – Variação da abertura da parábola em função da variação do parâmetro "a".

O parâmetro "b" indica se a parábola intercepta o eixo y no ramo crescente ou decrescente:

Se b > 0, a parábola intercepta o eixo y no ramo crescente (Figura 5.23).

Se b < 0, a parábola intercepta o eixo y no ramo decrescente (Figura 5.24).

Gráficos e Escalas - Técnicas de Representação de Objetos e de Funções Matemáticas

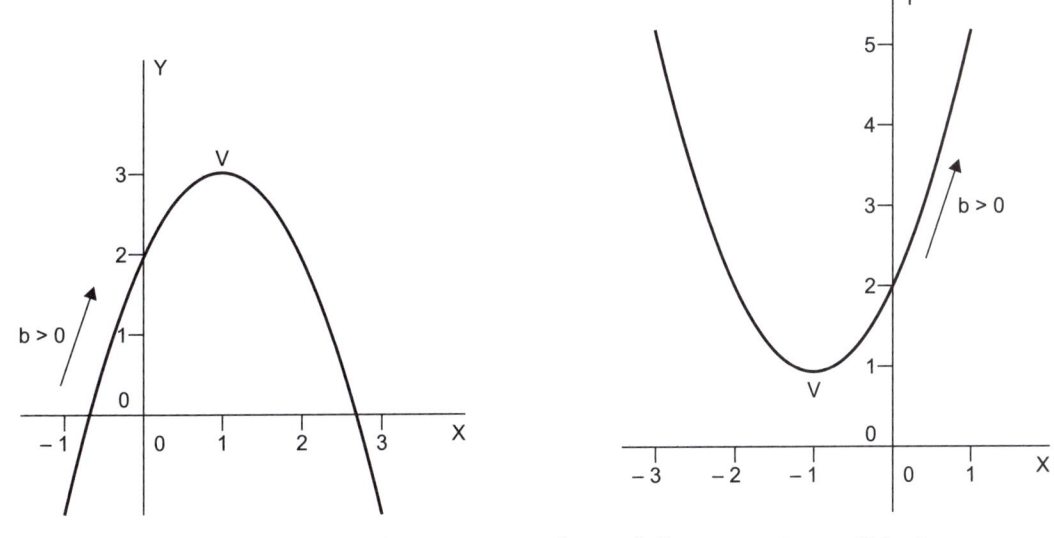

Figura 5.23 – Variação da interceptação do eixo "y" com o parâmetro "b" > 0.

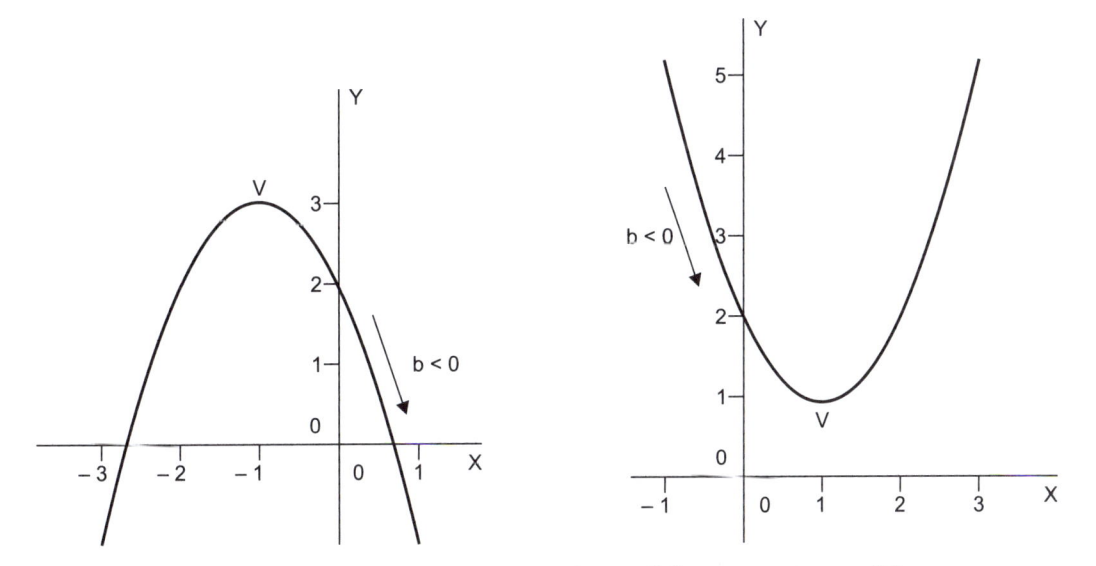

Figura 5.24 – Variação da interceptação do eixo "y" com o parâmetro "b" < 0.

O parâmetro c indica em qual ponto a parábola intercepta o eixo y. Este ponto é determinado por (x, c):

Se c > 0, a parábola intercepta o eixo y acima do eixo das abscissas (Figura 5.25).

Se c < 0, a parábola intercepta o eixo y abaixo do eixo das abcissas (Figura 5.26).

Se c = 0, a parábola intercepta o eixo y na origem (Figura 5.27).

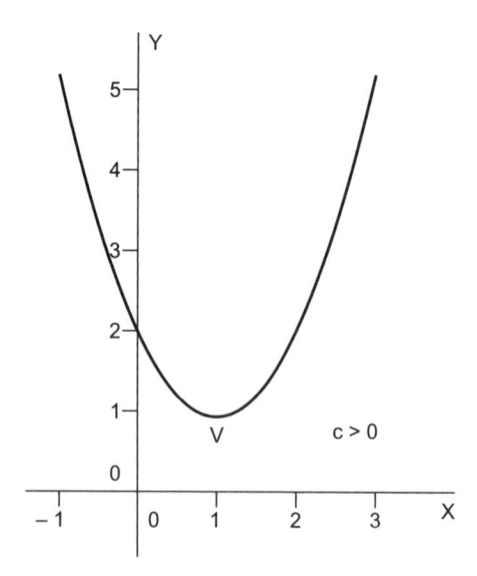

Figura 5.25 – Parábola com C > 0.

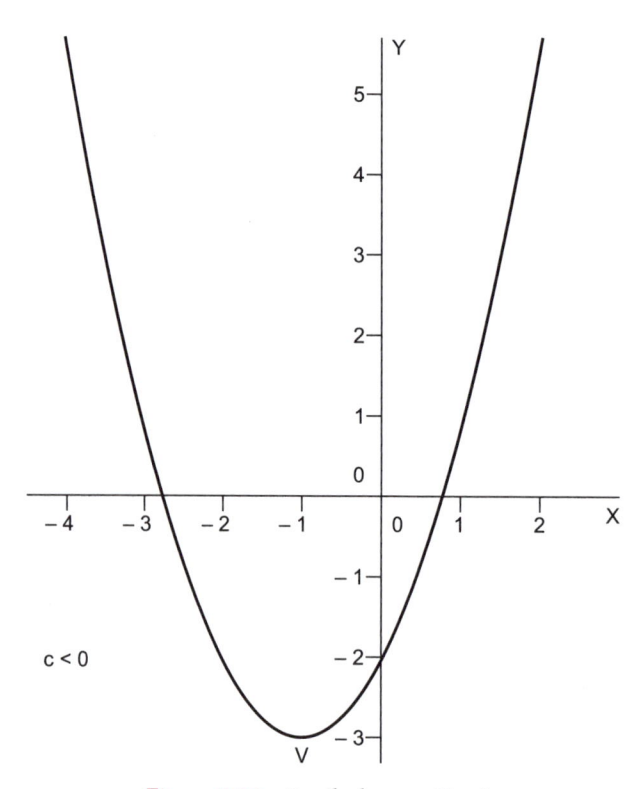

Figura 5.26 – Parábola com C < 0.

Gráficos e Escalas - Técnicas de Representação de Objetos e de Funções Matemáticas

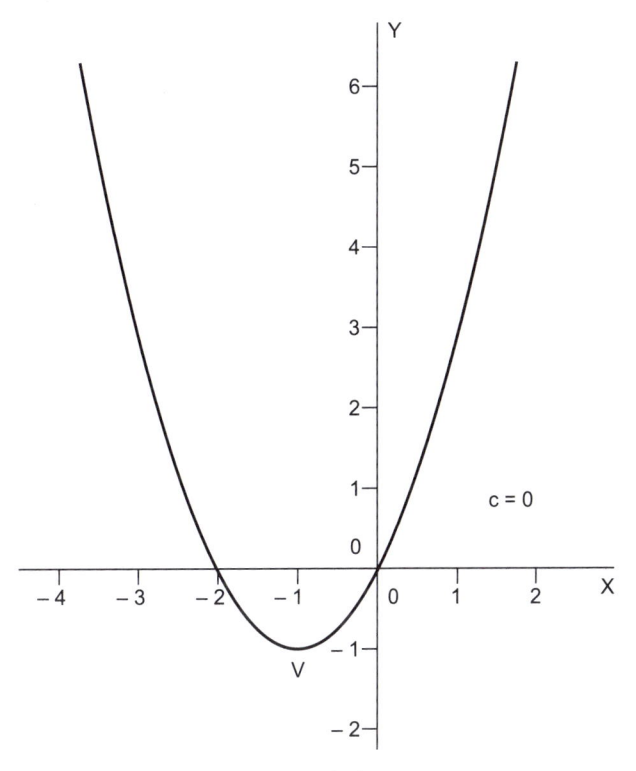

Figura 5.27 – Parábola com C = 0.

A raiz da equação, ou zero da função, é o número real que é atribuído ao valor de x e que faz com que f(x) seja igual a zero. Uma função quadrática pode ter uma, duas ou nenhuma raiz.

Uma das formas de calcular as raízes é resolver a equação de segundo grau utilizando a fórmula de Bhaskara (Bhaskara Akaria, ou Bhaskara II, matemático indiano, 1114-1185):

Com a função: $ax^2 + bx + c = 0$, a solução é dada pela expressão:

$$x = \frac{-b \pm \sqrt{b^2 - 4ac}}{2a}$$

Desta fórmula, através do cálculo do discriminante: $b^2 - 4ac$ (chamado de delta), podemos identificar se a função terá ou não raízes.

Assim, $\Delta = b^2 - 4ac$, temos que:

$$x = \frac{-b \pm \sqrt{\Delta}}{2a}$$

$\Delta = 0$, teremos uma única raiz real, que é chamada de raiz dupla (Figura 5.28).

$\Delta > 0$, teremos duas raízes reais distintas (Figura 5.29).

$\Delta < 0$, não teremos raízes reais (Figura 5.30).

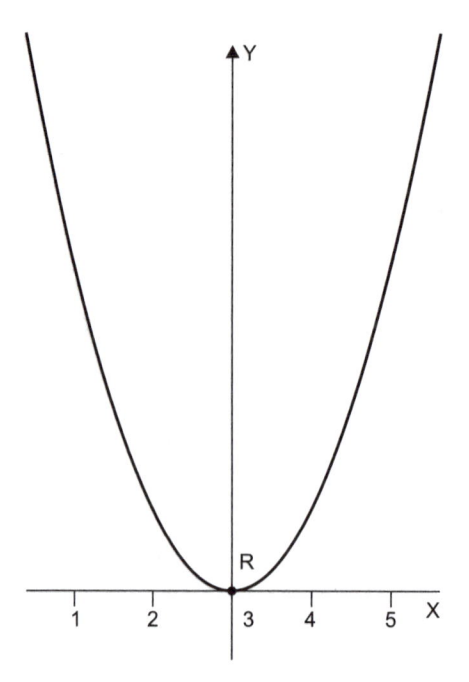

Figura 5.28 – Função quadrática com uma única raiz real.

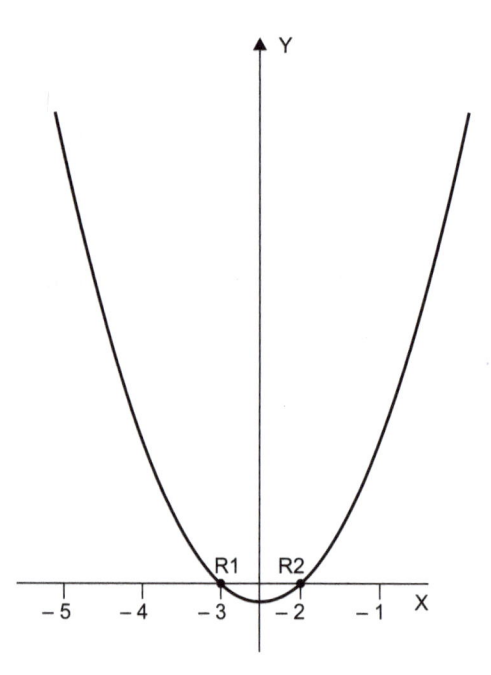

Figura 5.29 – Função quadrática com duas raízes distintas.

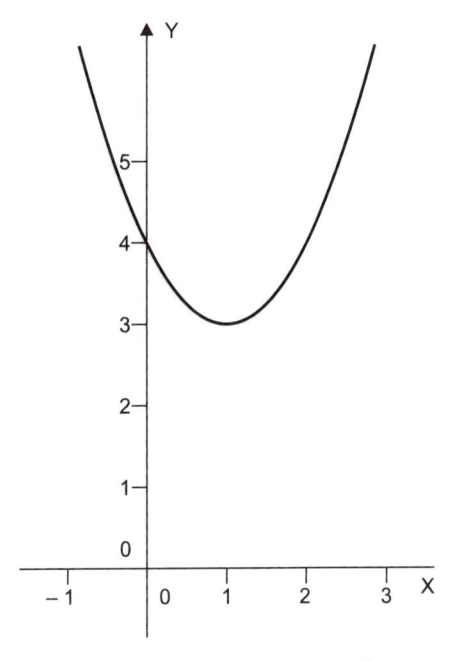

Figura 5.30 – Função quadrática com nenhuma raiz real.

O vértice de uma parábola é o ponto mais próximo da diretriz, e isso o torna um ponto crítico da parábola que, dependendo da concavidade, pode ser:

Ponto de máximo que a parábola atinge, ou seja, o maior valor da imagem f(x).

Ponto de mínimo que a parábola atinge, ou seja, o menor valor da imagem f(x).

O vértice de uma parábola é um ponto definido pela coordenada:

$$V = \left(-\frac{b}{2a}, -\frac{\Delta}{4a} \right)$$

A ordenada do ponto vértice, ou seja, a imagem (y) do vértice delimita a imagem de uma função quadrática.

Quando a parábola tem concavidade para cima, ela não tem valor de máximo e matematicamente a imagem dessa função é dada pela expressão:

$Im(f) = \{y \in R \mid y \geq yv\}$ (Figura 5.31).

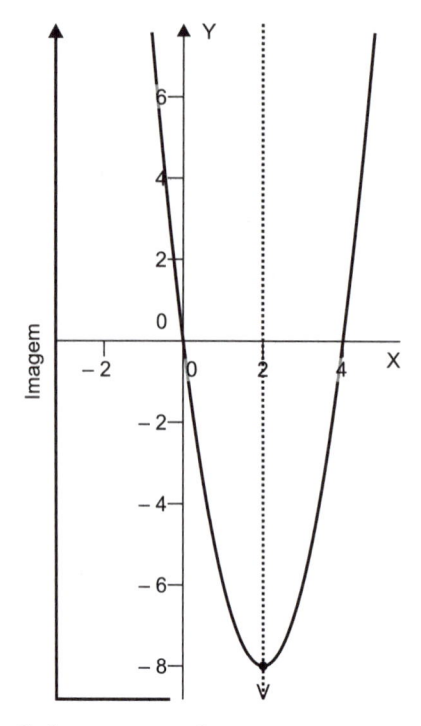

Figura 5.31 – Parábola com ponto de mínimo e imagem correspondente.

Quando a parábola tem concavidade para baixo ela não tem valor de mínimo e matematicamente a imagem dessa função é dada pela expressão:

Imagem da Função = Im(f) = {y ∈ R | y ≤ y_v} (Figura 5.32).

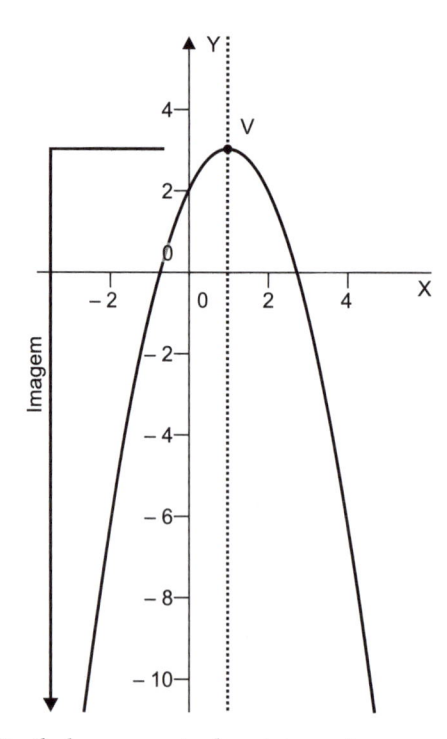

Figura 5.32 – Parábola com ponto de máximo e imagem correspondente.

5.4 Simbologia matemática

Para o desenvolvimento de operações matemáticas são utilizados vários símbolos representativos, cuja compreensão é muito importante para a descrição de fenômenos da natureza.

Os principais símbolos são apresentados nas Tabelas 5.1 e 5.2.

Tabela 5.1 – Símbolos matemáticos de comparação

Símbolo	Significado
$=$	igual a
$\neq$	não é igual; diferente de
$<$	é menor que
$>$	é maior que
$\ll$	é muito menor que
$\gg$	é muito maior que
$\leq$	é menor ou igual a
$\geq$	é maior ou igual a
$\leqq$	é inferior a
$\geqq$	é maior do que

Tabela 5.2 – Símbolos matemáticos

Símbolo	Significado
$+$	Mais
$-$	Menos
$:$	Dividir
$\times$	Multiplicar
$\mid$	Tal que/ tais que
$\Rightarrow$	Implica; se ... então
$\rightarrow$	$A \Rightarrow B$ significa: se A for verdadeiro então B é também verdadeiro; se A for falso então nada é dito sobre B. $\rightarrow$ pode ter o mesmo significado de $\Rightarrow$
$\Leftrightarrow$	se e só se; recíproca é equivalente
$\leftrightarrow$	$A \Leftrightarrow B$ significa: A é verdadeiro se B for verdadeiro e A é falso se B é falso
$\wedge$	e
	a proposição $A \wedge B$ é verdadeira se A e B forem ambos verdadeiros; caso contrário, é falsa
$\vee$	ou
	a proposição $A \vee B$ é verdadeira se A ou B (ou ambos) forem verdadeiros; se ambos forem falsos, a proposição é falsa

Símbolo	Significado
¬ /	não a proposição ¬A é verdadeira se e só se A for falso É a negação lógica. Uma barra colocada sobre outro operador tem o mesmo significado que "¬" colocado à sua frente
∀	para todos; para qualquer; para cada ∀ x: P(x) significa: P(x) é verdadeiro para todos os x
∃	existe ∃ x: P(x) significa: existe pelo menos um x tal que P(x) é verdadeiro
=	igual a x = y significa: x e y são nomes diferentes para a exata mesma coisa
:= :⇔	é definido como x := y significa: x é definido como outro nome para y P :⇔ Q significa: P é definido como logicamente equivalente a Q
{ , }	o conjunto de … {a,b,c} significa: o conjunto que consiste de a, b, e c
{ : } { | }	o conjunto de … tal que … {x : P(x)} significa: o conjunto de todos os x, para os quais P(x) é verdadeiro. {x | P(x)} é o mesmo que {x: P(x)}.
∅ {}	conjunto vazio {} significa: o conjunto sem elementos; ∅ é a mesma coisa
∈ ∉	em; está em; é um elemento de; é um membro de; pertence a; existe em a ∈ S significa: a é um elemento do conjunto S; a ∉ S significa: a não é um elemento de S
⊆ ⊂	é um subconjunto [próprio] de Exemplo: A ⊆ B significa: cada elemento de A é também elemento de B (A é um subconjunto de B) A ⊂ B significa: A ⊆ B mas A ≠ B (A é um subconjunto próprio de B)
∪	a união de … com …; união A ∪ B significa: o conjunto que contém todos os elementos de A e também todos os de B, mas mais nenhum
∩	intersecta com; intersecta A ∩ B significa: o conjunto que contém todos os elementos que A e B têm em comum
\	menos; sem; exceto A\B significa: o conjunto que contém todos os elementos de A que não estão em B
( ) [ ] { }	de para a aplicação de função: f(x) significa: o valor da função f no elemento x para o agrupamento: execute primeiro as operações dentro dos parênteses
f:X→Y	de … para f: X → Y significa: a função f mapeia o conjunto X no conjunto Y
N	números naturais N significa: {1,2,3,...}
Z	números inteiros Z significa: {...,−3,−2,−1,0,1,2,3,...}

Símbolo	Significado
Q	números racionais
	Q significa: $\{p/q : p,q \in Z, q \neq 0\}$
R	números reais
	R significa: $\{\lim_{n\to\infty} a_n : \forall\, n \in N: a_n \in Q,$ o limite existe$\}$
C	números complexos
	C significa: $\{a + bi : a,b \in R\}$
$<$ $>$	é menor que, é maior que
	$x < y$ significa: x é menor que y; $x > y$ significa: x é maior que y
$\leq$ $\geq$	é menor ou igual a, é maior ou igual a
	$x \leq y$ significa: x é menor que ou igual a y; $x \geq y$ significa: x é maior que ou igual a y
$\sqrt{\ }$	a raiz quadrada principal de; raiz quadrada
	$\sqrt{x}$ significa: o número positivo, cujo quadrado é x
∞	infinito
	∞ é um elemento da linha numérica estendida que é maior que qualquer número real; ocorre com frequência em limites
π	pi
	π significa: a razão entre a circunferência de um círculo e o seu diâmetro
$!$	fatorial
	$n!$ é o produto $1\times2\times\ldots\times n$
$|\ |$	Valor absoluto de; módulo de
	$|x|$ significa: a distância no eixo dos reais (ou no plano complexo) entre x e zero
$||\ ||$	norma de; comprimento de
	$||x||$ é a norma do elemento x de um espaço vectorial
Σ	soma em ... de até ..., de
	$\sum_{k=1}^{n} a_k$ significa: $a_1 + a_2 + \ldots + a_n$
Π	produto em ... de ... até ... de
	$\prod_{k=1}^{n} a_k$ significa: $a_1 a_2 \cdots a_n$
$\int$	integral de ... até ... de ... em função de
	$\int_a^b f(x)\, dx$ significa: a área entre o eixo dos x e o gráfico da função f entre $x = a$ e $x = b$
f'	derivada de f; primitiva de f
	$f'(x)$ é a derivada da função f no ponto x, i.e., o declive da tangente nesse ponto
∇	del, nabla, gradiente de
	$\nabla f(x_1, \ldots, x_n)$ é o vector das derivadas parciais $(df/dx_1, \ldots, df/dx_n)$

Fique de olho!

A realização de um gráfico está associada a uma função matemática. Para saber mais, acesse:
<http://www.im.ufrj.br/dmm/projeto/projetoc/precalculo/sala/conteudo/capitulos/cap61.html>.

As funções lineares e quadráticas têm muitas aplicações, como, por exemplo, no estudo de dosagens de remédios na área da saúde ou em estudos de declividades de telhados, ou mesmo em formas de curvas em estradas.

Vamos recapitular?

Foram vistos neste capítulo os conjuntos, seus elementos componentes, propriedades, representação gráfica, tipos e operações. Foram apresentadas as características e tipos de funções matemáticas, bem como os gráficos das funções afins e quadráticas. Ainda foi apresentada a simbologia matemática.

Agora é com você!

1) Defina conjunto matemático.

2) Faça a notação matemática para o conjunto A que contém os elementos 1, 5, 5, 17 e 20.

3) Para os conjuntos $A = \{1, 2, 3, 5\}$ e $B = \{1, 3, 4, 6, 8, 10\}$, onde os elementos de A são denominados "x" e os de B são denominados "y". A função que relaciona o conjunto A e o conjunto B é $y = 2x$. Determinar o domínio, contradomínio e imagem da função.

4) Comente a variável independente e a variável dependente de uma função.

Gráficos de Funções Transcendentais

Este capítulo tem como objetivo apresentar os tipos de funções matemáticas, sua classificação e as características das funções algébricas e das funções transcendentais. Também são apresentados e exemplificados os gráficos das funções logarítmicas, exponenciais, trigonométricas, inversas e, finalmente, das funções periódicas.

6.1 Tipos de funções matemáticas

As funções matemáticas podem ser divididas em grandes grupos: funções algébricas e funções transcendentais.

As funções algébricas podem ser expressas como a solução de equações polinomiais de coeficientes inteiros. São funções que podem ser expressas em termos de somas, diferenças, quocientes ou potências racionais de polinômios.

Assim, compõem o grupo das funções algébricas as funções polinomiais, as funções racionais, as funções exponenciais com expoentes racionais e as funções do tipo raiz quadrada.

As funções polinomiais têm a forma geral:

$$f(x) = a_n x^n + a_{n-1} x^{n-1} + \dots\dots + a x + a_0$$

Onde:

$a_0, \ldots\ldots\ldots, a_n$ – são constantes, sendo n um número inteiro positivo.

Sendo $a_n \neq 0$, n é chamado de grau do polinômio.

Exemplos:

$f(x) = 4x^3 + 3x^2 + 5x + 2$ é uma equação polinomial de terceiro grau. É um exemplo de função cúbica, cujo gráfico é uma parábola de terceiro grau.

$f(x) = 20x^2 + x + 4$ é uma equação polinomial de segundo grau. É um exemplo de função quadrática, cujo gráfico é uma parábola de segundo grau.

$f(x) = 3x + 2$ é uma equação polinomial de primeiro grau. É um exemplo de função linear, cujo gráfico é uma reta.

Monômio é uma expressão algébrica determinada apenas por um número real, por uma variável ou pelo produto de números e variáveis.

Exemplo:

Na função polinomial $f(x) = 4x^3 + 3x^2 + 5x + 2$ existem quatro monômios: $4x^3$; $3x^2$; $5x$; 2.

As funções racionais são razões entre dois polinômios. A expressão básica de uma função racional é:

$$f(x) = \frac{p(x)}{q(x)}$$

Onde, $p(x)$ e $q(x)$ são polinômios. A função $f(x)$ somente será válida se $q(x) \neq 0$. Portanto, a função racional não possui um domínio com definição óbvia, como os polinômios.

Exemplo:

$$f(x) = \frac{1}{x^2 - 9}$$

A função da expressão anterior não será válida quando $x^2 - 9 = 0$. Portanto, não é válida para $x = \pm 3$.

As funções exponenciais com expoentes racionais são do tipo:

$f(x) = a^{m/n}$, onde $a = R$ e $0 < a \neq 1$; m e n são constantes.

As funções raiz quadrada são representadas por:

$f(x) = \sqrt{x}$, válida para $x \geq 0$.

As funções transcendentais são as funções que não são algébricas. Uma função de uma variável é transcendental se ela é algebricamente independente desta variável.

São funções transcendentais as funções logarítmicas, as funções exponenciais, as funções trigonométricas e as funções periódicas.

6.2 Gráficos de funções logarítmicas

As funções logarítmicas são inversas das funções exponenciais. São funções relacionadas à expressão matemática:

$$a^x = b \rightarrow x = \log_a^b$$

Onde:

log - logaritmo

a – base do logaritmo

b – antilogaritmo

x – logaritmo

A expressão matemática pode ser escrita como:

$$a^y = x \rightarrow y = \log_a^x$$

ou

$$f(x) = y = \log_a^x$$

Quando a = 10 é chamado logaritmo na base 10 e a função pode ser escrita como:

$$f(x) = \log x$$

Quando a = e (número irracional e = 2,718281828459045...), número de Euler, é chamado de logaritmo natural ou logaritmo neperiano, em homenagem ao seu inventor, o matemático escocês John Napier. Assim, pode ser escrito como:

$$f(x) = \log_e^x$$

Ou, mais comumente:

$$f(x) = \ln x$$

Exemplos de funções logarítmicas:

Exemplos

1) (Figura 6.1): f (x) = log x

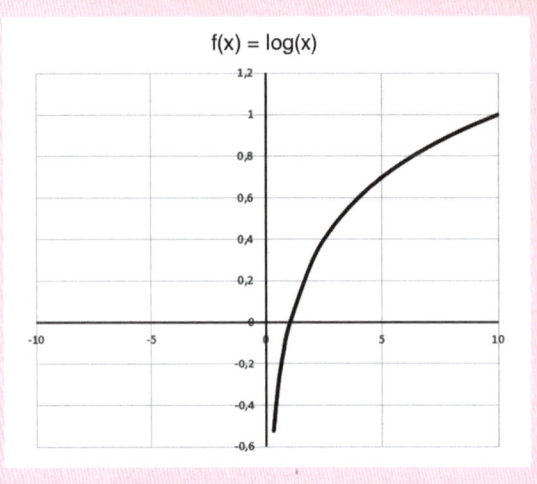

Figura 6.1 – Gráfico do exemplo 1 da função logarítmica.

2) (Figura 6.2): f (x) = log x^2

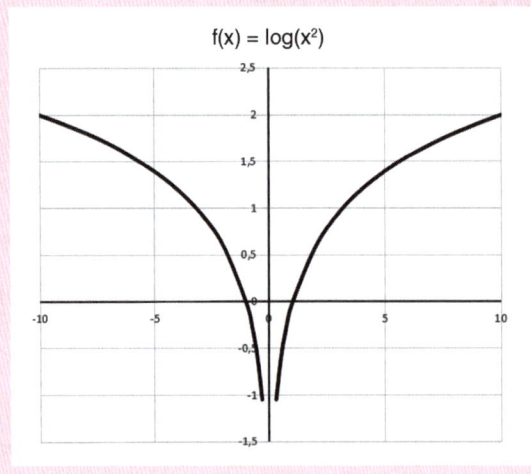

Figura 6.2 – Gráfico do exemplo 2 da função logarítmica.

3) (Figura 6.3): $f(x) = \ln (8x^3)$

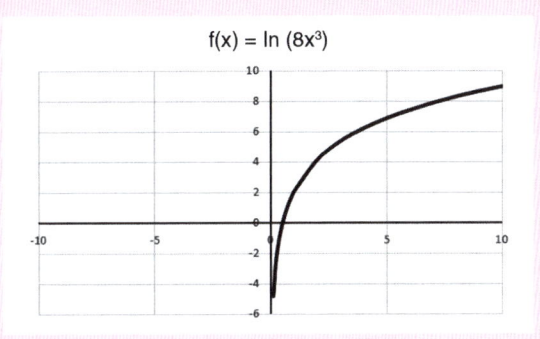

Figura 6.3 – Gráfico do exemplo 3 da função logarítmica.

4) (Figura 6.4): $f(x) = \log (x^2 + 10)$

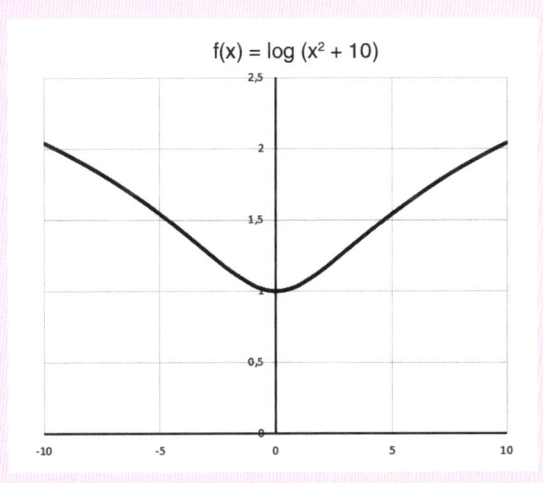

Figura 6.4 – Gráfico do exemplo 4 da função logarítmica.

6.3 Gráficos de funções exponenciais

A função exponencial eleva um número a uma potência variável. Sua representação matemática é:

$f(x) = a^x$, onde $a \subset R$ e $0 < a \neq 1$

Exemplos de funções exponenciais:

Exemplos

Exemplo 1 (Figura 6.5): $f(x) = 2 + (1/2)^x$

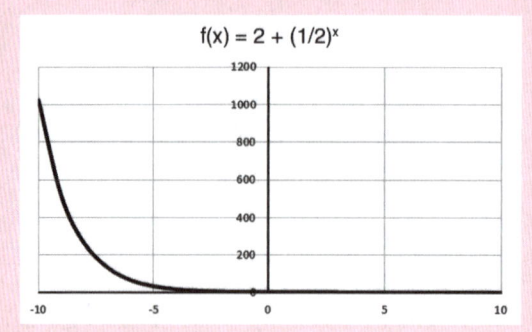

Figura 6.5 – Gráfico do exemplo 1 da função exponencial.

Exemplo 2 (Figura 6.6): $f(x) = -2 + (3)^x$

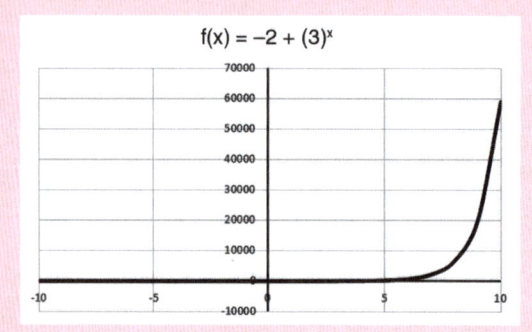

Figura 6.6 – Gráfico do exemplo 2 da função exponencial.

Exemplo 3 (Figura 6.7): $f(x) = 1 + (2)^{(x-1)/2}$

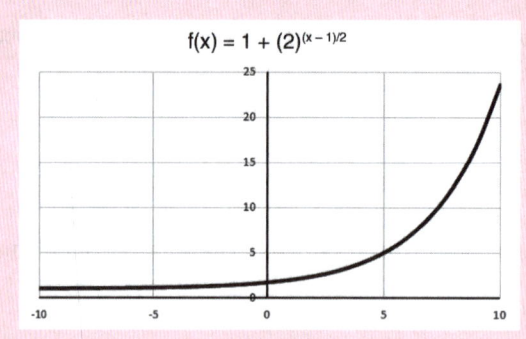

Figura 6.7 – Gráfico do exemplo 3 da função exponencial.

6.4 Gráficos de funções trigonométricas

As funções trigonométricas são relacionadas a funções angulares e a fenômenos periódicos.

Exemplos de funções trigonométricas:

Exemplos

Exemplo 1 (Figura 6.8): f (x) = cos (x)

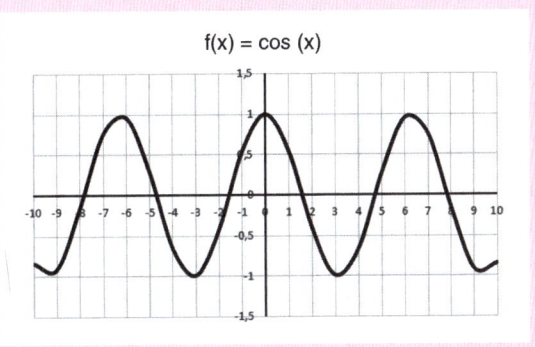

Figura 6.8 – Gráfico do exemplo 1 da função trigonométrica.

Exemplo 2 (Figura 6.9): f (x) = cos² (x)

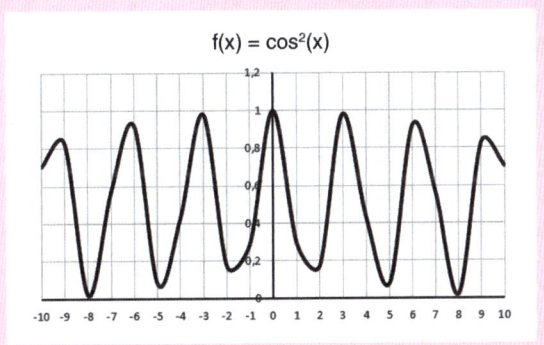

Figura 6.9 – Gráfico do exemplo 2 da função trigonométrica.

Exemplo 3 (Figura 6.10): f (x) = sen (x)

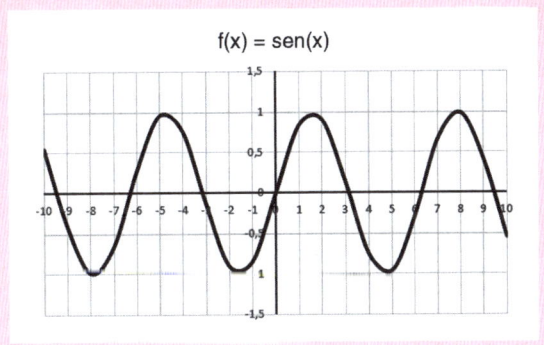

Figura 6.10 – Gráfico do exemplo 3 da função trigonométrica.

Exemplo 4 (Figura 6.11): $f(x) = sen^2(x)$

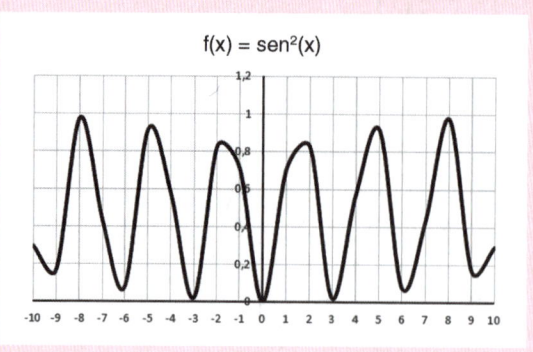

Figura 6.11 – Gráfico do exemplo 4 da função trigonométrica.

Exemplo 5 (Figura 6.12): $f(x) = tan(x)$

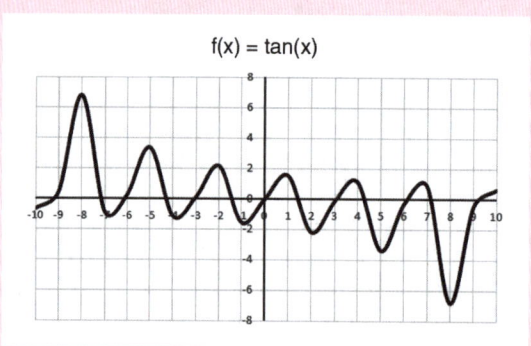

Figura 6.12 – Gráfico do exemplo 5 da função trigonométrica.

Exemplo 6 (Figura 6.13): $f(x) = tan^2(x)$

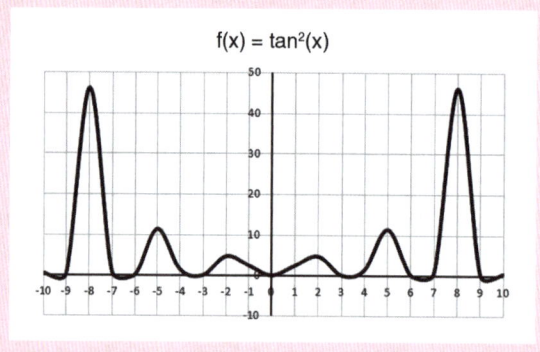

Figura 6.13 – Gráfico do exemplo 6 da função trigonométrica.

Exemplo 7 (Figura 6.14): $f(x) = \cos^2(x) - \text{sen}^2(x)$

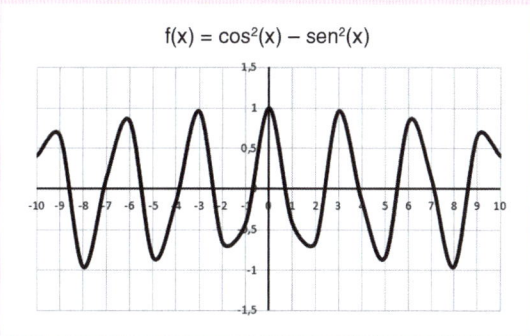

Figura 6.14 – Gráfico do exemplo 7 da função trigonométrica.

Exemplo 8 (Figura 6.15): $f(x) = 2\,\text{sen}(x)\cos(x)$

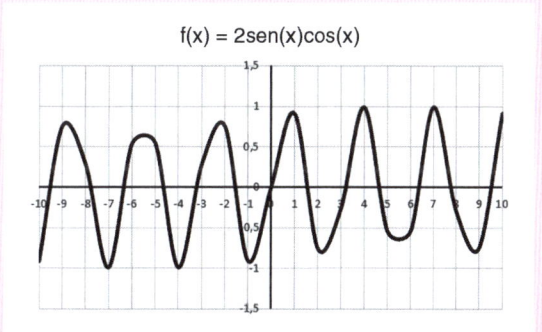

Figura 6.15 – Gráfico do exemplo 8 da função trigonométrica.

6.5 Gráficos de funções inversas

As funções inversas são funções onde:

$x = f^{-1}(y) \leftrightarrow y = f(x)$

Exemplos de funções inversas:

Exemplo 1 (Figura 6.16): $f(x) = \text{sen}^{-1}(x) + \cos^{-1}(x)$

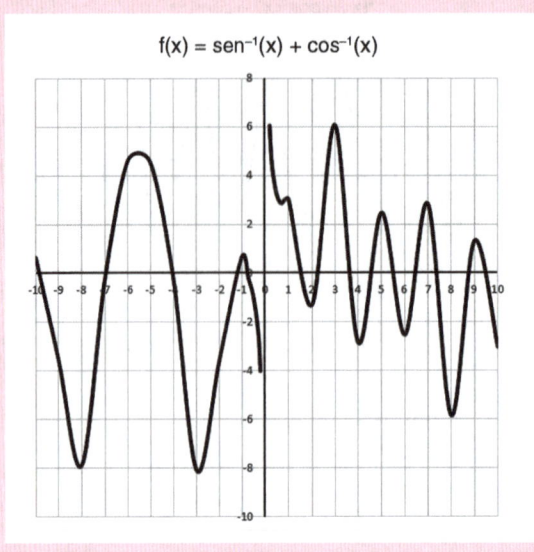

Figura 6.16 – Gráfico do exemplo 1 da função inversa.

Exemplo 2 (Figura 6.17): $f(x) = \cos^{-1}(x)$

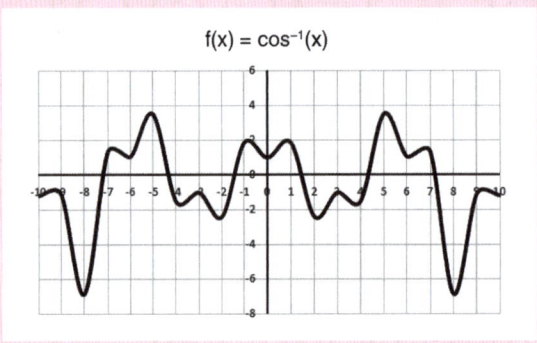

Figura 6.17 – Gráfico do exemplo 2 da função inversa.

Exemplo 3 (Figura 6.18): f (x) = tan-1 (x)

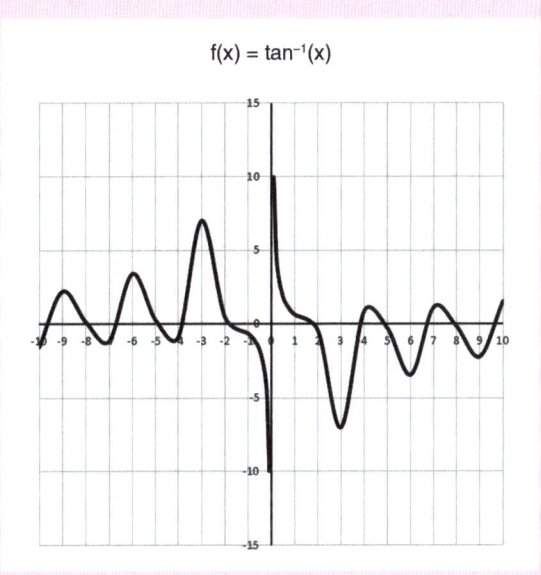

Figura 6.18 – Gráfico do exemplo 3 da função inversa.

Exemplo 4 (Figura 6.19): f (x) = x^{-1}

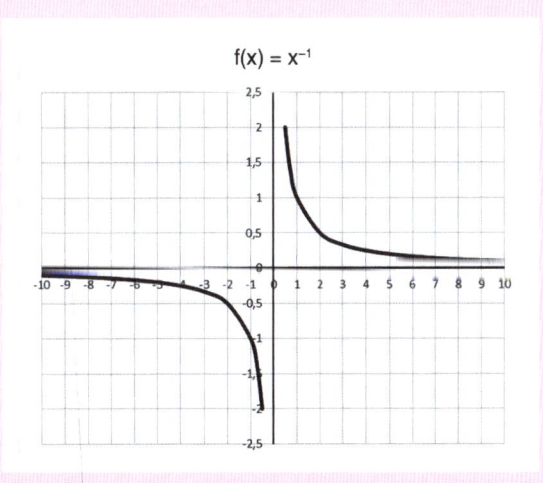

Figura 6.19 – Gráfico do exemplo 4 da função inversa.

Fique de olho!

Em muitas funções o gráfico se aproxima dos eixos referenciais de forma assintótica, isto é, a curva da função tende a ser uma reta quase que paralela aos eixos referenciais. Assim, em geral, o termo assíntota refere-se a uma reta.

6.6 Gráficos de funções periódicas

As funções periódicas são aquelas que repetem ao longo da variável independente com um determinado período constante.

Neste grupo de funções estão presentes a função Onda Dente de Serra (Figura 6.20), que é uma onda não senoidal que ocorre, por exemplo, no controle de estoques; a função Onda Quadrada (Figura 6.21), que é uma forma de onda básica, que ocorre, por exemplo, em processamento de sinais em eletrônica; e a função Onda Triangular (Figura 6.22), que é uma forma de onda não senoidal parecida com o triângulo, que ocorre na área de eletrônica.

Neste grupo, também podem ser classificadas as funções trigonométricas do cosseno, seno, secante e cossecante, com períodos iguais a 2π, e as funções tangente e cotangente, com períodos iguais a π.

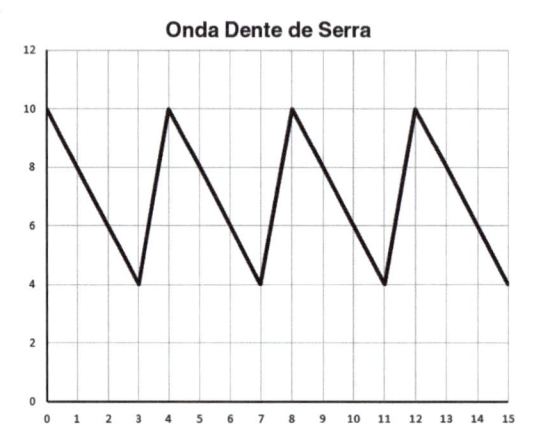

Figura 6.20 – Gráfico Onda Dente de Serra.

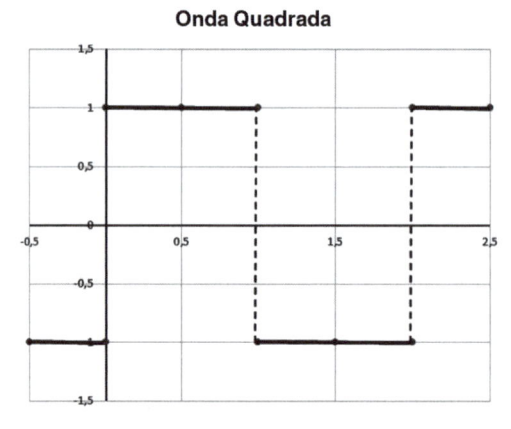

Figura 6.21 – Gráfico Onda Quadrada.

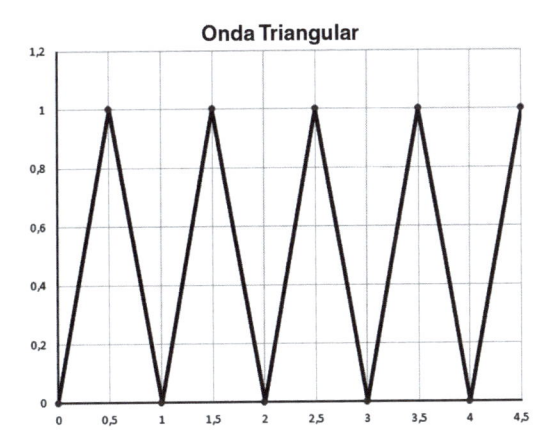

Onda Triangular

Figura 6.22 – Gráfico Onda Triangular.

Amplie seus conhecimentos

Um gráfico periódico tem dois termos muito importantes: período e frequência.

Período é o intervalo entre dois pontos que marcam o início e o término de um ciclo, por exemplo, em um gráfico.

Frequência é o número de vezes que ocorre um evento, ou um ciclo, por exemplo, em um determinado intervalo de pontos de um gráfico.

Vamos recapitular?

Foram vistos neste capítulo os tipos de funções matemáticas, classificando e apresentando as características das funções algébricas e das funções transcendentais. Foram apresentados e exemplificados os gráficos das funções logarítmicas, exponenciais, trigonométricas, inversas e, finalmente, das funções periódicas.

Agora é com você!

1) Defina a forma geral das funções polinomiais.

2) Faça o esboço do gráfico da função f(x) = log (1/x).

3) Faça o esboço do gráfico da função f(x) = 4^x.

4) Faça o esboço do gráfico de função f(x) = sen(x)cos(x).

Bibliografia

ASSOCIAÇÃO BRASILEIRA DE NORMAS TÉCNICAS. NBR 6492:1994 – Representação de projetos de arquitetura. Rio de Janeiro, abr. 1994.

_____NBR 7191:1982 – Execução de desenhos para obras de concreto simples ou armado. Rio de Janeiro, fev. 1982.

_____NBR 7808:1983 – Símbolos gráficos para projetos de estruturas. Rio de Janeiro, mar.1983.

_____NBR 8196:1999 – Desenho técnico – Emprego de escalas. Rio de Janeiro, dez.1999.

_____NBR 8402:1994 – Execução de caractere para escrita em desenho técnico – Procedimento. Rio de Janeiro, mar. 1994.

_____NBR 8403:1984 – Aplicação de linhas em desenhos – Tipos de linhas – Larguras das linhas – Procedimento. Rio de Janeiro, mar. 1984.

_____NBR 8404:1984 – Indicação do estado de superfícies em desenhos técnicos – Procedimento. Rio de Janeiro, mar. 1984.

_____NBR 10.067:1995 – Princípios gerais de representação de desenho técnico. Rio de Janeiro, jun. 1995.

_____NBR 10.068:1987 – Folha de desenho – Leiaute e dimensões – Padronização. Rio de Janeiro, out. 1987.

_____NBR 10.126:1987 – Cotagem em desenho técnico. Rio de Janeiro, nov. 1987.

_____NBR 10.582:1988 – Apresentação da folha para desenho técnico – Procedimento. Rio de Janeiro, dez. 1988.

_____NBR 10.647:1989 – Desenho técnico – terminologia. Rio de Janeiro, abr. 1989.

_____NBR 12.298:1995 – Representação de área de corte por meio de hachuras em desenho técnico. Rio de Janeiro, abr. 1995.

_____NBR 13.142:1999 – Desenho técnico – Dobramento de cópia. Rio de Janeiro, dez. 1999.

_____NBR 13.434-1:2004 – Sinalização de segurança contra incêndio e pânico – Princípios de Projcto. Rio de Janeiro, mar. 2004.

_____NBR 13.434-2:2004 – Sinalização de segurança contra incêndio e pânico – Símbolos e suas formas, dimensões e cores. Rio de Janeiro, mar. 2004.

_____NBR 13.434-3:2005 – Sinalização de segurança contra incêndio e pânico – Requisitos e métodos de ensaio. Rio de Janeiro, jul. 2005.

_____NBR 13.531:1995 – Elaboração de projetos de edificações – Atividades técnicas. Rio de Janeiro, nov. 1995.

_____NBR 13.532:1995 – Elaboração de projetos de edificações – Arquitetura. Rio de Janeiro, nov. 1995.

_____NBR 14.645-1:2001 – Elaboração do "como construído" (as built) para edificações – Levantamento planialtimétrico e cadastral de imóvel urbanizado com área até 25.000 m², para fins de estudos, projetos e edificação – Procedimento. Rio de Janeiro, mar. 2001.

_____NBR 14.645-2:2005 – Elaboração do "como construído" (as built) para edificações – Levantamento planimétrico para registro público, para retificação de imóvel urbano – Procedimento. Rio de Janeiro, dez. 2005.

_____NBR 14.645-3:2011 – Elaboração do "como construído" (as built) para edificações – Locação topográfica e controle dimensional da obra – Procedimento. Rio de Janeiro, dez. 2005.

BUENO, C. P.; PAPAZOGLOU, R. S. **Desenho técnico para engenharias**. 1. ed. Curitiba: Juruá, 2011.

DEMAIO, W. (Coord.). **Fundamentos de matemática, cálculo e análise**. Rio de Janeiro: LTC, 2012.

FLEMMING, D. M.; GONÇALVES, M. B. **Cálculo A**. 6. ed. São Paulo: Pearson Prentice-Hall, 2006.

_____. **Cálculo B**. 2. ed. São Paulo: Pearson Prentice Hall, 2007.

FRENCH, T. E.; VIERCK, C. J. **Desenho técnico e tecnologia gráfica**. Rio de Janeiro: Globo, 2005.

IEZZI, G. (Org.). **Fundamentos de matemática elementar**. 8. ed. Conjuntos e funções. São Paulo: Atual, 2005. Vol. 1.

___. **Fundamentos de matemática elementar**. 8. ed. Complexos, polinômios e equações. São Paulo: Atual, 2005. Vol. 6.

KREYSZIG, E. **Matemática superior para engenharia**. Rio de Janeiro: LTC, 2009. Vol. 1 e 2.

LIPSCHUTZ, S.; LIPSON, M. **Matemática discreta**. 2. ed. Porto Alegre: Bookman, 2004.

MAGUIRE, D. E.; SIMMONS, C. H. **Desenho técnico:** Problemas e soluções gerais de desenho. São Paulo: Hemus, 2004.

MICELI, M. T.; FERREIRA, P. **Desenho técnico básico**. Rio de Janeiro: Imperial Novo Milênio, 2010.

MONTENEGRO, G. A. **A perspectiva dos profissionais**. São Paulo: Blücher, 1983.

_____. **Sombras, insolação, axonometria**. 2. ed. São Paulo: Blücher, 2010.

STEWART, J. **Cálculo. Complexos, Polinômios e Equações**. Vol. 1. São Paulo: Atual, 2005. 5. ed. São Paulo: Cengage Learning, 2006.

_____. **Cálculo**. 5. ed. São Paulo: Cengage Learning, 2008. Vol. 2.

TELLES, D. D. (Org.). **Matemática com aplicações tecnológicas**. São Paulo: Blücher, 2014. Vol. 1.